温室辣椒育苗

辣椒和花生间作

辣椒和玉米套作

辣椒和大豆套作

1

辣椒和葱套作

辣椒人工授粉

辣椒种植田

辣椒烟粉虱害叶

辣椒烟粉虱危害果

辣椒缺水

辣椒冻害

甜椒日灼病

辣椒白粉病

尖椒日灼病

尖椒白粉病

辣椒疮痂病

4

果蔬商品生产新技术丛书

提 高 辣 椒 商 品 性
栽 培 技 术 问 答

焦彦生　马蓉丽　编著

金盾出版社

内 容 提 要

本书由山西省农业科学院蔬菜研究所焦彦生、马蓉丽研究员编著,以问答形式对如何提高辣椒商品性的栽培技术作了通俗和较精确的解答。内容包括辣椒产业与辣椒的商品性,影响辣椒商品性的关键因素,辣椒品种选择、辣椒育苗、露地栽培、日光温室栽培、大棚栽培、病虫害防治、贮藏保鲜、安全生产、标准化生产与辣椒商品性等 11 部分。全书围绕提高辣椒商品性这个中心,从辣椒不同的栽培方式和关键环节介绍了新方法新技术,通俗易懂,可操作性强,适宜基层农业技术人员和广大菜农阅读使用。

图书在版编目(CIP)数据

提高辣椒商品性栽培技术问答/焦彦生,马蓉丽编著 . —北京:金盾出版社,2010.3(2014.1重印)
(果蔬商品生产新技术丛书)
ISBN 978-7-5082-6163-8

Ⅰ.①提… Ⅱ.①焦…②马… Ⅲ.①辣椒-蔬菜园艺-问答
Ⅳ.①S641.3-44

中国版本图书馆 CIP 数据核字(2009)第 235807 号

金盾出版社出版、总发行
北京太平路 5 号(地铁万寿路站往南)
邮政编码:100036 电话:68214039 83219215
传真:68276683 网址:www.jdcbs.cn
北京金盾印刷厂印刷
永胜装订厂装订
各地新华书店经销
开本:850×1168 1/32 印张:5.25 彩页:4 字数:120 千字
2014 年 1 月第 1 版第 3 次印刷
印数:14 001~20 000 册 定价:9.00 元

目　录

一、辣椒产业与辣椒的商品性

1. 辣椒的起源及特点是什么？

辣椒(*Capsicum annuum L.*)包括辣椒和甜椒。又名番椒、辣子(陕)、海椒(蜀)、辣角、辣茄、菜椒、青椒、秦椒等。属茄科辣椒属植物,属能结辣椒浆果的 1 年生或多年生草本植物。目前世界各地普遍栽培的是 1 年生草本椒。辣椒原产于中南美洲热带地区,1493 年传入欧洲,1583～1598 年传入日本。辣椒传入我国的途径有两条:一是经丝绸之路,在甘肃、陕西等地栽培;二是经海路,在广东、广西、云南等地栽培。我国于 20 世纪 70 年代在云南西双版纳原始森林里发现有野生型的"小米椒"。我国关于辣椒的记载始于明代高濂撰《遵生八笺》(1591)有"番椒丛生,白花,果俨似秃笔头,味辣色红,甚可观"的描述。我国西北、西南、中南、华南各省均普遍栽培辣椒,形成世界有名的"辣带",成为世界重要的辣椒栽培区域带。

辣椒以嫩果或成熟果供食,可生食、炒食或干制、腌制和酱渍等。每 100 克鲜果含水分 70～93 克、淀粉 4.2 克、蛋白质 1.2～2.0 克、维生素 C 73～342 毫克;干辣椒则富含维生素 A。辛辣气味是因含有辣椒素($C_{16}H_{27}NO_3$),辣椒素主要存在于胎座附近隔膜及表皮细胞中。

2. 世界辣椒产业的现状是怎样的？

随着栽培时间的推移,辣椒已由单纯的观赏转为调味和鲜食,品种也逐渐由野生型演变为栽培型,由传统的农家品种发展到现在的杂交品种。现在,辣椒作为一种主要蔬菜已遍布世界各地。

目前,全世界辣椒干年生产量在 $18 \times 10^7 \sim 20 \times 10^7$ 千克,年贸易量在 $12 \times 10^7 \sim 17 \times 10^7$ 千克,辣椒干主要产在我国、印度、巴基斯坦、墨西哥,出口量以我国、巴基斯坦、西班牙、墨西哥为多,约占世界贸易量的 2/5,贸易量达 $7 \times 10^4 \sim 9 \times 10^4$ 千克,主要进口的国家和地区有斯里兰卡、美国、日本、新加坡、马来西亚、英国和我国香港地区。

3. 我国辣椒产业在世界辣椒产业中的地位怎样?

辣椒传入我国,开始只是自种自食、自给自足,栽培管理比较粗放,品种类型较为单调,品质一般,产量低,栽培季节和种植面积受自然条件限制较大,栽培规模小而零散。后来随着人们在长期的辣椒栽培实践中积累了丰富的经验,形成了许多优良的栽培制度和栽培技术。长期的人工选择留种,形成了具有地方色彩的优良农家品种,如湖南邵阳朝天椒、山东羊角椒、湖南醴陵玻璃椒。随着流通领域的开拓发展,人们将鲜椒晾晒成辣椒干,切成辣椒片、磨成辣椒粉,制成辣椒酱销往各地。由此,辣椒栽培逐渐形成规模生产,实行集约化管理。到了清代,河北望都、山东益都、四川成都、湖南、重庆发展成为全国辣椒种植面积最大,辣椒商品交易最多的辣椒大产区。

随着辣椒的商品化及人们生活水平的提高、消费习惯的变化,许多过去不食辣椒的消费者逐渐要求稍带辣味的品种,食用辣椒的人们越来越多,种植辣椒的区域和面积也日益扩大。特别是新中国成立后,辣椒生产的发展更为迅速,我国成了世界上的产椒大国和出口大国,山东的羊角椒、河北的邯郸椒、湖南醴陵的玻璃椒、邵阳的朝天椒和陕西的线椒已成为出口的拳头产品。1988 年,我国辣椒总出口量占世界辣椒交易量的 1/3 左右。

我国蔬菜育种科研单位大力开展辣椒新品种选育研究工作,利用两个纯合的品种或品系通过杂交产生杂种一代,其在熟性、丰产性、抗病和抗逆性上明显超过双亲。我国自 20 世纪 60 年代育成杂交辣椒品种早丰 1 号以来,有数十家科研单位先后开展了辣椒新品种的选育工作,并育成了一批较有影响的杂交品种,如中椒系列、苏椒系列、洛椒系列、甜杂系列和湘研系列等。实践证明,杂交辣椒解决了制约生产的各种问题,深得广大农户的欢迎。特别是湘研辣椒,其种植面积占全国杂交辣椒面积的 70% 以上,在全国 30 多个省、直辖市、自治区均试种成功,并取得了明显的经济效益。新的栽培制度不断推出,如地膜覆盖栽培技术、大棚早熟栽培技术、露地越夏耐热栽培技术、大棚秋延栽培技术的不断完善,大、中、小棚,日光温室面积的不断扩大,大大地提高了辣椒的产量、经济效益和社会效益。我国菜篮子工程的实施,"南菜北运"、"西菜东调"和"保护地生产"三大蔬菜生产基地的建成,改变了我国"就近生产,就近供应"的蔬菜产销格局,形成了"大生产、大流通"的新格局,大大地推动了辣椒生产的发展。目前,我国辣椒种植面积达 142 万公顷,相当于非洲辣椒种植面积的总和,年产青、干椒达 1 300 亿千克,居世界首位。

4. 辣椒产业的特点是什么?

随着计划经济向市场经济转轨,辣椒供应主要以商品形式出现,辣椒的生产和销售也必须遵循价值规律。我国吃辣椒的人口多,商品辣椒需求量大。为保证辣椒的充足、均衡供应,满足人们日益增长的生活需要,应大力提倡计划生产、均衡上市、加强流通。

(1)计划引导、稳步生产 辣椒像其他蔬菜一样,"三日多不得,三日少不得"。各级领导和蔬菜工作者应很好地研究掌握辣椒生产供应与销售需求的关系和规律,加强生产领域和流通领域的信息沟通,做到有计划生产和销售;发现问题,应及时通过宏观调控予以解决,防止和避免产销脱节,造成生产的大起大落,保护生产者、消费者的共同利益,力求稳步发展。如果任其自由生产,势必造成产、销比例失调,不是伤害生产者利益,就是伤害消费者利益。1995年冬季海南省辣椒种植面积过小,1996年春节期间鲜椒供不应求,长沙市红椒卖到30元/千克,居民怨声载道。受此高价格的刺激,一批批"淘金者"于1996年冬季纷纷涌向海南,大规模种植辣椒,结果辣椒供过于求,出现了卖椒难。长沙市红椒价格3元/千克,辣椒产地收购价更低,每千克优质红椒只能卖到0.5元,椒农大量的投资付之流水,许多椒农因付不起地租而纷纷逃走,甚至出现负债自杀的悲剧。由此看来,辣椒虽是一种好的经济作物,但我们只有很好地利用它,稳步生产,才能产生高效益。

(2)净菜上市,增加产值 我国的蔬菜商品处理技术比较落后,加上人们思想观念转变较慢,净菜上市还远远赶不上国外先进国家。但随着对外开放,商品经济的发展,人们生活水平的提高,净菜上市已开始在我国少数城市的商场出现,其中绿叶菜、豆类较为多见,辣椒净菜上市较稀罕。目前国内市场辣椒销售除了分红熟、青熟等级之外,大小混杂,成熟不均匀,甚至携带有田间泥土和药剂,病果、烂果充好果,广大居民花钱买此类辣椒回家后还得再次选择去屑,既耽搁时间,又影响室内卫生;有的当日消费不完的放一夜就烂掉,加大了浪费。如果在田间采收后,就地进行分级、选择、洗涤、包装,再涂上一层保鲜剂,这样除了外形美观外,还可以减少腐烂,既减少了损失,延长了供应时间,也增加了销售量。净菜处理,可以适当提高价格,居民也乐于接受,增加了辣椒生产的产值。辣椒属果实类蔬菜,与其他蔬菜相比,要做到净菜上市比较容易。因为果实生长在植株上,受泥土污染少,而且果实表皮蜡质层较厚,不易受农药污染,所以采收后的辣椒易于净菜处理,关键是加强栽培管理,防止烂果、虫果的发生。

(3)调剂余缺,均衡供应 辣椒为喜温作物,对气候条件有其特殊的要求。我国幅员辽阔,气候差异较大,当北方还处在冰封雪地之时,南方已硕果累累,进入辣椒盛收期。由于自然灾害,可能会导致某一地区辣椒大幅度减少，而在另一地区因气候条件合适，辣椒丰产超产。由于种植面积的多寡，也会造成某一地区辣椒供不应求，而另一地区则处于供过于求的状态。以上种种原因，会形成地区之间辣椒供应的差异，如果任其自然，可能会导致价格动荡、供应不均衡，丰产不丰收。为保护生产者和消费者的利益，达到辣椒均衡供应的目的，地区之间可以相互调剂余缺，组织货源流通，既保护丰产超产部分辣椒的价格，中间商又可从流通领域获取一定利益，消费者也可经常吃到辣椒，不因货源紧缺而吃高价椒。例如，近年来，贵州、陕西、甘肃等省山地生产的线椒较多，大大超过当地消费需求，而湖南、江西等省因种种原因，线椒生产量少，满足不了消费者的需要。于是，每年的 10 月、11 月大量车队从贵、陕、甘等地收购线椒运至湖南、江西市场，一些商人从中发了一笔不小的财，贵、陕、甘等山地农民也未因辣椒丰收而出现卖椒难。

5. 我国辣椒出口的情况如何？

辣椒外贸出口自清朝始就成为我国农产品创汇的一大产业，新中国成立后辣椒出口有了进一步的发展。辣椒出口主要有鲜椒、辣椒干、辣椒粉、辣椒罐头、辣椒酱等产品，其中鲜椒主要销往我国香港地区，辣椒干、辣椒粉、辣椒罐头、辣椒酱销往斯里兰卡、日本、美国等国和我国香港地区，以辣椒干的销售量和创汇量最大。

我国辣椒干的主产大省有湖南、河南、河北、陕西、四川等，除河南是近些年来发展起来的辣椒干产地外，其余省份在历史上曾是我国辣椒干出口换汇的大省，形成了全国有名的"三都"、"两庆"辣椒出口产区。然而，近年来由于诸多因素的影响，这些产区大多数产量萎缩。其原因有以下几点：①品种退化，品质达不到外商要求，价格下调，外贸部门、农民均无利可图，只好放弃生产、出口。②传统品种有较强的地域性，适应性较差，因而限制了它的发展前途。③鲜椒销售价格好，比干椒销售省事，效益立竿见影，因此农民不愿干制，直接以鲜椒内销，外贸部门无法收购，完不成出口任务，只好放弃。④政府部门投资不够，重视不力，历史上如 20 世纪 50～60 年代，政府部门给予农民一定的化肥、在粮食指标上予以优惠扶持，而近年来这些优惠扶持措施全部取消，农民没有积极性，不愿生产。⑤沿海地区依靠资金优势，到内地产区抢购，一会儿抬价，一会儿压价，农民利益得不到保障，因而挫伤了椒农的积极性。目前，原有辣椒产区大多名存实亡，许多省份已多年不出口辣椒干，为了振兴我国的辣椒干出口创汇业，必须从以上 5 个原因中找出相应对策。

辣椒干出口，目前还没有统一的国际标准，依各进口国的具体需要而确定，但一般对含水量、花斑椒率、杂质、蒂把都有严格的限制。也因不同产区的品种而有其具体标准。如湖南攸县玻璃椒的含水量须低于 8%，无虫蛀果，花斑椒率低于 12%，1 千克辣椒干果数在 300 个左右，要求透明、有弹性、光滑；山东羊角椒一级椒干要求紫红色，无霉变和花斑，果长 6 厘米以上，水分不超过 18%，无杂质；河南的朝天椒一级椒要求果长 3～5 厘米，深红色，含水量低于 13%，破碎率不超过 6%，含杂 1% 以下，无霉变，无虫蛀，无黄白梢，无特殊异种椒，无把柄，无斑点。辣椒干在国际贸易中，大家较关注的问题是椒干在运输、贮藏途中易复水霉变，除了贮藏、包装保管措施的原因外，主要是因胎座易吸潮霉变，特别是在海上航运途中尤为突出。因此，胎座小的辣椒干质量好。

中国辣椒干出口的竞争对手主要是巴基斯坦、墨西哥、印度，要超过他们，必须以质量取胜，早供货取胜，注重包装。质量是经济效益的命根，只有提高质量，才能赢得更多的客户，才能在价格上赢得主动权。辣椒干的质量应从田间栽培管理时就加以注意，主要防治病虫危害，减少烂果、虫果，采收后要及时晾晒，不能堆积，以免霉烂。在晾晒的同时要做好分级工作，避免优劣混杂，降低价格。晒干的辣椒要在室内摊一夜恢复弹性后装入塑料袋密封保存,防止返潮霉变并经常检查翻晒。早供货往往易被人们忽视,辣椒干在国际贸易中也存在一个淡季问题,早上市有价格优势和竞争优势,而隔年贮存的椒干色泽、水分均会发生变化,不及当年新货。印度、巴基斯坦等国因气候条件的影响,干椒大多在 10 ~ 11 月份上市,我国干椒出口应力争在 10 月份上市,抢占市场,争取季节差价。辣椒干包装也是一个不容忽视的问题,为提高在外销中的地位和效益,必须重视椒干运销前的包装处理。我国椒干现在外销一般采用塑料袋、麻袋包装,形成"一等产品,二等包装,三等价格"的落后贸易,每 500 克椒干价格约合人民币 5 元,还不及内销价格。故必须重视外观包装,提高产品的经济价值。辣椒干出口包装最好采用塑料密封内包装和纸箱外包装,每箱 10 千克,不仅便于装运、贮藏,而且在箱体上可以印制各种图案、商标、产地、品牌、日期等产品信息,这对于树立名牌效应,树立产品形象、企业形象,有良好作用。

6. 我国辣椒产业的现状及存在问题是什么?

我国是辣椒生产消费大国,产量居全球之首,产值居全国各类蔬菜之首。近年来,随着市场需求的增加,我国辣椒产量与出口量稳步增长,价格持续上扬,辣椒产业面临新的发展机遇。改革开放以来,随着市场经济的推进,我国辣椒产业每年以 7% 的速度迅速发展。据不完全统计,目前全国辣椒播种面积 150 万公顷,产量 2 900 万吨,实现产值 290 亿元,消费人群 5 亿,占全国人口的 40%。近 20 年来,辣椒产业从我国西南、中南地区崛起,扩大到华北、东北、西北地区,种植面积分布在全国 28 个省份,形成了以贵州、河南、湖南、四川、江西、云南、陕西、河北、吉林等 16 个省区的重点辣椒产区和以贵州虾子镇、云南稼依镇、河北鸡泽、山东武城、吉林洮南等为代表的区域性辣椒集散地。与世界辣椒生产先进国家相比,我国辣椒产业还存在着一定的差距:一是各地辣椒产品信息不畅,全国一体化信息平台缺位,区域市场规模较小,辐射力有限,没有形成辣椒产品北上南下、各区域市场融会贯通的流通格局。二是初级产品多,精深加工产品少;小作坊和小企业多,大企业与龙头企业少;存在辣椒季节性生产与农业产业化程度低的矛盾,使局部产区出现产品过剩、椒农卖椒难的问题。三是我国辣椒产业起步晚,与发展国家相比,辣椒产品标准缺失,国家标准几乎空白,各地方标准不尽完善,种子培育差距较大,栽培技术相对落后,科技投入不足。

(1)尚缺乏综合性状优良的辣椒品种 大多数辣椒品种在结果能力和果实的品质方面表现都比较好,但在抗病性方面,特别是抗病毒病和疫病方面的表现则差一些。

(2)辣椒的栽培技术粗放,高新技术推广普及的程度较差 辣椒生产方式主要是露地栽培,保护地栽培面积较小。在栽培技术应用方面,多数地方仍在沿用传统的、落后的辣椒栽培技术,而辣椒科学的种植方法未能大面积有效地推广和应用,从而限制了辣椒生产潜力的发挥。

(3)辣椒生产受控因素多 辣椒生产受自然环境条件限制因素太多,可控性差。同时辣椒市场反复不定左右着辣椒的生产,辣椒种植缺乏科学性。

(4)病虫危害严重 由于受品种的抗病能力限制以及辣椒茬口的影响,目前辣椒生产上的病虫危害普遍较重,不仅茎叶发病厉害,而且像枯萎病、根腐病等一些土壤病害的发生程度也较严重,生理病害也有加重的趋势。

(5)辣椒无公害生产程度偏低 由于盲目追求高产,以及受落后的栽培方式和设备的限制,辣椒生产中大量使用化肥、农药现象比较普遍,特别是氮素化肥和剧毒农药的使用量在一些地方长期居高不下,导致辣椒产品中的硝酸盐和农药残留严重超标,给人们健康带来了严重的影响,同时也成为出口的一个重要限制因素,所以必须引起高度重视。

7. 我国辣椒产业的发展趋势和前景是什么?

一是保护地辣椒生产的规模将不断扩大。设施栽培具有栽培环境易于控制,产品质量好,受自然条件影响小,栽培期长,产量高,效益也高,特别是设施栽培可以根据市场需要灵活调节生产时间,安排栽培茬口,避免产品的上市时间过于集中等优点,是辣椒高产高效栽培的发展方向。

二是辣椒的生产技术将日益完善,栽培技术将配套化,各栽培方式都将有与其相适应的科技含量较高的配套栽培管理措施。

三是栽培品种专用化。辣椒不同栽培方式及生产目的对品种均有不同的要求,特别是随着辣椒标准化生产的发展,要求辣椒的各栽培方式均将有与其相配套的专用优良品种。

四是科技含量较高的现代管理技术将被普遍推广应用,其中诸如化控技术、科学营养施肥技术、微灌溉技术等科技含量较高的先进技术将优先受到重视。

五是辣椒生产管理的机械化程度也将日益提高,特别是适合设施辣椒生产用的机械将越来越多的应用于辣椒生产。

六是蔬菜标准化生产是当今蔬菜生产的发展趋势。辣椒作为主要蔬菜之一,近年来在一些主要辣椒生产区已开始了标准化生产,并取得了一定的生产经验,随着蔬菜标准化生产的开展,辣椒标准化生产也必将在大范围内展开。

8. 什么是辣椒的商品性生产?

辣椒商品性生产是在商品经济条件下,为满足市场对辣椒的需求而发展起来的,以商品性辣椒生产为目的的产业。其特点是生产经营比较集约化、专业化、社会化水平和商品化程度较高,辣椒商品量较大,商品率高。一般商品经济发达的国家和地区(如西欧、北美各国),商品性辣椒也较发达,辣椒生产区域专业化程度也较高。我国自然和社会经济条件复杂,人口分布很不平衡,消费习惯不同,布局分散,产量和商品率都不高,绝大部分地区自给性辣椒生产占很大比重。在这种情况下,贯彻因地制宜,适当集中,合理布局的方针,建立辣椒生产基地,大力发展辣椒商品性生产和辣椒加工工业,逐步提高辣椒的商品率,由以自给性辣椒生产为主逐步转变为以商品性辣椒生产为主,以充分满足国内外市场的需要。

9. 辣椒产业发展对商品性生产的要求是什么?

辣椒商品性生产具有特定的含意,是以瞄准国内或国际辣椒大市场为目标所组织的具有竞争性的大规模、专业化辣椒基地生产。它是在市场经济条件下,随着社会、经济特别是城市及工矿企业发展而逐步形成与发展的,其主要特征是辣椒生产已形成了以追求市场效益为目标的庞大集团化产业。

辣椒产业发展要求辣椒商品性生产必须坚持以下发展方向:

(1)规模化 规模基地性生产有利于生产组织、生产基地的建设以及销售渠道的畅通,从而增强市场的竞争力,这种趋势越来越明显,目前已经形成较大的辣椒产区。

(2)专业化 专业化是蔬菜商品性生产的突出特征之一。辣椒生产专业化,即以生产某一类型辣椒为主,形成拳头产品,如保护地辣椒生产基地、耐运输辣椒生产基地、加工辣椒生产基地等。专业化生产有利于生产技术的普及、生产设施的建设、产品运输及销售、组织产供销联营等,从而有利于促进商品生产的发展。

(3)区域化 在市场经济条件下,区域种植具有较强的竞争力,由于各地生产优势及技术、管理条件的差异,原来处于生产布局极其分散的状态会通过市场竞争而优胜劣汰,从而强化了生产的集中性及专业性,从而形成了较大的辣椒区域产区。

(4)工业化 辣椒产品的生产、流通和销售的模式越来越接近工业商品。随着社会、经济的发展,辣椒商品在一定的地域范围内,甚至在全国或跨国销售,这样在辣椒生产和销售的各个环节链接得更加紧密,鲜食辣椒要求鲜嫩,含水量大,不耐运输,容易变质,就要求品种耐贮运,干椒要求符合加工工艺,符合食品要求,辣椒作为商品更接近于工业产品,商品性逐渐产生出来。

(5)市场化 辣椒作为商品必然走向市场,随着经济发展市场化的程度会越高,辣椒生产和销售的各个环节会更加细化明确。调整辣椒产品结构,适应市场对辣椒商品性的需求,满足消费者的需要将为辣椒生产健康发展提供基础。

10. 鲜食辣椒商品性感官标准有哪些?

鲜食辣椒商品性感官标准见表1。

表1 鲜食辣椒商品性感官标准

项 目	品 质	规 格	限 度
品 种	同一品种	规格用整齐度表示,同规格的样品其整齐度应≥90%	每批样品中不符合感官要求的,按质量计总不合格率不超过5%
成熟度	果实充分发育,种子已形成		
果 形	只允许有轻微的不规则并不影响果实外观		
新 鲜	果实有光泽、硬实,不萎蔫		
果面清洁	果实表面不附有污物或其他外来物		
腐 烂	无		
异 味	无		
灼 伤	无		
冻 害	无		
虫 害	无		
机械伤	无		

表中果形是指果实具有本品种固有的形状。腐烂是指由于病原菌侵染导致果实变质。整齐度指同一批果实大小相对一致的程度，由样品平均单果质量乘以（1±8%）表示。异味是指因栽培或贮运环境污染所造成的不良气味和滋味。灼伤指果实因强光照射使果面温度过高而造成的伤害，果面上出现褪色的水渍状斑。冻害是指果实在冰点或冰点以下的低温中发生组织冻结，无法缓解所造成的伤害。病虫害是指果实生长发育过程中由于病原菌和病虫侵染而导致的伤害。机械伤指果实因挤、压、碰等外力所造成的伤害。

11. 干辣椒商品性质量指标有哪些？

表 2　干制辣椒质量指标

项　目		一　级	二　级	三　级
外观形状		形状均匀，具有本品种固有的特征，果面洁净	形状均匀，果面洁净	形状有差异，完整
色　泽		鲜红或紫红色，油亮光洁	鲜红或紫红色，有光泽	红色或紫红色
不完整椒	断裂椒	长度不足 2/3 和破裂长度达椒身 1/3 以上的不得超过 3%	长度不足 2/3 和破裂长度达椒身 1/3 以上的不得超过 5%	长度不足 2/3 和破裂长度达椒身 1/3 以上的不得超过 7%
	黑斑椒	不允许有	允许黑斑面积达 0.5 厘米^2 的不超过 0.5%	允许黑斑面积达 0.5 厘米^2 的不超过 1%
	虫蚀果	不允许有	允许椒身被虫蚀部分在 1/10 以下，而果内有虫尸或排泄物的不超过 0.5%	允许椒身被虫蚀部分在 1/10 以下，而果内有虫尸或排泄物的不超过 1%

续表 2

项　目		一　级	二　级	三　级
不完整椒	黄梢花壳	允许黄梢和以红色为主显浅红色暗斑,且其面积在全果 1/4 以下的花壳椒,其总量不得超过 2%	允许黄梢和以红色为主显浅红色暗斑,且其面积在全果 1/3 以下的花壳椒,其总量不得超过 4%	允许黄梢和以红色为主显浅红色暗斑,且其面积在全果 1/2 以下的花壳椒,其总量不得超过 6%
	白　壳	不允许有	不允许有	不允许有
	不熟椒	不允许有	≤0.5%	≤1%
	不完善椒总量	≤5%	≤8%	≤12%
	异品种	≤1%	≤2%	≤4%
杂　质		各类杂质总量不超过 0.5%,不允许有害杂质	各类杂质总量不超过 1%,不允许有害杂质	各类杂质总量不超过 2%,不允许有害杂质

　　辣椒干必须具备正常的色泽,具有其固有的气味和滋味,干湿适度,不允许有不正常的气味和滋味,不允许有霉变的情况,不得带有杂质和异物。外观形状指辣椒干的形状、色泽、均匀度及洁净度,其中色泽指本品种干制后正常颜色和光泽。不完善椒指失去一部分食用价值和辣椒体不全的辣椒干,包括黑斑椒、黄梢、花壳椒、不熟椒、断裂椒和虫蛀椒。其中黑斑椒指辣椒受病虫危害后,呈现的黑斑、黑点。黄梢指辣椒干的顶部红色消减呈干燥的黄色或淡黄色。花壳是指椒体以红色为主,但部分红色减退呈黄色、白色的间杂斑块。白壳椒指椒体红色消退,呈干燥状的黄白色,肉质消失而呈轻飘的薄片,整椒失去商品价值。不成熟椒指辣椒的成熟度不够,干制后的辣椒干,其体型瘦小,明显瘪缩,色泽暗淡或呈暗绿色者。断裂椒指断裂而未变质的辣椒干。虫蚀椒指被虫啃

食,蛀虫椒的内部附有虫尸或其污染物。异品种指不属于本品种或形状与本品种有显著差异的辣椒干。杂质是指辣椒干本身以外的一切物质。

12. 干制辣椒理化指标有哪些?

表3　干制辣椒理化指标

项　目	指　标
水分,%	≤14
总灰分,%	≤8
盐酸不溶灰分(干态),%	≤1.25
不挥发乙醚提取物(干态),%	>12
粗纤维(干态),%	<28
辣椒素,%	>0.8

13. 辣椒的商品性包括哪几个方面?

辣椒的商品性分外在特征和内在品质,我国辣椒品种繁多,不同的品种有不同的外观和内在品质,要根据具体辣椒品种来确定其商品性。

以山东省苍山辣椒为例来说明辣椒的商品性包括的内容:

(1)外在感官特征　苍山辣椒的品质特点可以用八个字概括,即形美、皮薄、香甜、味足。

形美:指的是苍山辣椒的植株生长紧凑,辣椒大小均匀,青熟椒深绿色,老熟椒红色或紫红色,光亮鲜艳。

皮薄:指苍山辣椒果肉薄,从辣椒的一面透光能看到辣椒的另一面。果肉厚度为0.01毫米。

香甜:指苍山辣椒辣中带香,香中有甜,特别是鲜红辣椒口感特别突出,生熟食用都可,味美无比。

味足:指苍山辣椒辛辣味强,适宜制干椒。

(2)内在品质指标 每 100 克苍山辣椒产品中,含有蛋白质:鲜椒 1.4 克、干椒 14 克;脂肪:鲜椒 0.2 克、干椒 10.4 克;碳水化合物:鲜椒 8.5 克,干椒 60.3 克;钙:鲜椒 17 毫克,干椒 200 毫克;磷:鲜椒 3.7 毫克,干椒 300 毫克;铁:鲜椒 2.1 毫克,干椒 23.1 毫克;维生素 A:鲜椒 0.52 毫克;维生素 B_1:鲜椒 0.05 毫克,干椒 0.6 毫克;维生素 B_2:鲜椒 0.06 毫克,干椒 1.36 毫克;尼克酸:鲜椒 0.6 毫克,干椒 15.3 毫克;维生素 C:鲜椒 75 毫克,干椒 59 毫克;钾:干椒 2400 毫克;钠:干椒 20 毫克。

(3)安全要求 入市辣椒必须达到农业部规定的绿色食品辣椒的卫生指标(详见表 4)。有《农产品质量安全法》第三十三条规定情形的不得上市销售。

表 4 绿色食品辣椒的卫生指标

序 号	有害物质名称	指标/(mg/kg)
1	砷(以 As 计)	≤ 0.2
2	汞(以 Hg 计)	≤ 0.01
3	铅(以 Pb 计)	≤ 0.1
4	镉(以 Cd 计)	≤ 0.05
5	氟(以 F 计)	≤ 0.5
6	乙酰甲胺磷(acephate)	≤ 0.02
7	乐果(dimethoate)	≤ 0.5
8	敌敌畏(dichlorvos)	≤ 0.1
9	辛硫酸(phoxim)	≤ 0.05
10	毒死蜱(chlorpyrifos)	≤ 0.2
11	敌百虫(trichlorfon)	≤ 0.1
12	氯氰菊酯(cypermethrin)	≤ 0.5

续表 4

序　号	有害物质名称	指标/(mg/kg)
13	溴氰菊酯(deltamethrin)	$\leqslant 0.2$
14	氰戊菊酯(fenvalerate)	$\leqslant 0.2$
15	抗蚜威(pirimicarb)	$\leqslant 0.5$
16	百菌清(chlorothalonil)	$\leqslant 1$
17	多菌灵(carbendazim)	$\leqslant 0.1$
18	亚硝酸盐(以 NO_2^- 计)	$\leqslant 2$

注 1. 出口产品按进口国的要求检测

　2. 根据《中华人民共和国农药管理条例》,剧毒和高毒农药不得在辣椒生产中使用,不得检出

　3. 辣椒生产者在其辣椒被检测时,应向有关的检测部门自报农药使用种类。拒报、瞒报、谎报,其产品被视为不合格产品

(4)包装标识等相关规定　同一品种大小一致的辣椒为合格品。畸形或有霉变、病虫伤的不合格另行处理。包装材料必须符合国家强制性技术规范要求。包装前每批辣椒进行去杂质,去土处理,然后装入包装箱。

14. 发展辣椒商品性生产的目的和意义是什么?

辣椒商品性生产的目的主要是满足消费者需求,增加农民收入。辣椒是世界上具有良好发展前景的经济作物之一,由于它适应性广、营养成分丰富和产业链长而受到世界各地的高度重视,种植面积不断扩大,总产不断上升,加工产品也向多样化发展。全世界有 2/3 以上的国家种植辣椒,我国辣椒的种植面积也不断增加,鲜椒产量近 2 800 万吨左右,实现产值 270 多亿元,同时每年还以 9% 速度逐年增长,种植面积分布在全国 28 个省份,形成了以贵州、湖南、江西、云南、四川、陕西、河北、河南、吉林等 16 个省的重点辣椒产区。发展辣椒商品性生产可以促进辣椒产品质量的提

高,提高辣椒的利用价值,为人民消费和辣椒加工提供基础辣椒产品,从而提高辣椒的产值,提高辣椒的种植效益,促进农民增收。

二、影响辣椒商品性的关键因素

15. 影响辣椒商品性的关键因素有哪些？

影响辣椒商品性的关键因素包括辣椒的品种、病虫对辣椒的危害、栽培技术对辣椒产品品质和外观的影响等，这些因素之间互相关联，在生产上要采取综合措施保证辣椒生长所需要的各种条件，以保证辣椒获得良好的商品性。

16. 品种特性与辣椒商品性的关系是什么？

辣椒品种繁多，其品种特性主要影响辣椒的外观和品质两个方面，比如辣椒的长、粗、表面光滑程度、颜色、辣味程度、心室数量、皮厚薄、籽粒多少等外观的指标以及辣椒的各种营养元素含量均直接和辣椒商品性有关系。不同的消费区域和消费人群对商品性有特别的要求，因此，在种植的时候必须考察消费对象，然后确定品种。

17. 栽培区域与辣椒商品性的关系是什么？

不同栽培区域有着独特的自然气候资源，这些因素和辣椒的商品性有着重要的关系。栽培区域的消费习惯影响品种的种植品种的选择，栽培区域的温度、湿度、土壤等环境因素影响辣椒的生长和品质。比如，四川、湖南等地喜欢食用辣味浓的品种，江苏喜欢微辣的品种、山西南部喜欢有皱褶、辣味浓的辣椒等，这些消费习惯影响形成了独特的栽培区域，从而造就了独特的辣椒商品。同时辣椒品种在不同地区有适应性，对生产期较长的辣椒品种，如果在无霜期较短的地区种植，会产生不能成熟的现象，影响辣椒的商品性。比如,有些朝天椒品种遇霜冻会影响辣椒的成熟度,辣椒的色泽会受到严重影响,从而影响辣椒的商品性。

我国辣椒主要的产业优势区如下:

贵州片　遵义、绥阳、湄潭、余庆、凤冈、红花岗、仁怀、赤水、大方、金沙、黔西、独山、三都、平塘、罗甸、荔波、花溪、平坝、石阡、西秀、镇宁、台江、册亨、思南、水城

四川片　彭州、金堂、郫县、新津、双流、东兴、资中、隆昌、威远、简阳、安岳、乐至、阆中、南部、西充、江油、盐亭、三台、平武、米易、宜宾、剑阁、合江、江阳、荣县、雁江、高坪、沿滩

重庆片　綦江、江津、南川、石柱、武隆、酉阳、巴南区、潼南

云南片　永善、绥江、镇雄、大关、盐津、巧家、彝良、威信、水富、鲁甸、会泽、泸西、砚山、丘北、弥渡、施甸、宣威、马龙、隆阳、蒙自、建水

湖南片　邵阳、邵东、新邵、隆回、洞口、绥宁、新宁、城步、吉首、泸溪、凤凰、花垣、保靖、古丈、永顺、龙山

湖北片　孝感、咸宁、黄石、黄冈、荆门、荆州、宜昌、恩施、十堰、襄樊、鄂州、随州、潜江、天门、仙桃

河南片　桐柏、方城、淅川、镇平、唐河、南召、内乡、新野、社旗、西峡、邓州

陕西片　扶风、凤翔、眉县、岐山、陈仓、千阳、陇县、兴平、武功、耀州、临渭、蒲城、澄城

甘肃片　凉州、靖远、甘州、高台、武山、秦州、秦安、民勤

黑龙江　勃利、双城市、桦南、宝清、北安、五常

吉林片　农安、公主岭、洮南、洮北

辽宁片　法库、海城、黑山

河北片　鸡泽、望都、冀州

山东片　禹城、博兴、陵县、夏津、武城、临邑、宁津、沂水、滕州、乐陵、鱼台

安徽片　阜南、谯城区
海南片　儋州、临高、琼海、文昌、海口
山西片　应县、长子、原平、代县

18. 栽培模式与辣椒商品性的关系是什么?

辣椒一般一年一茬,但辣椒栽培模式中,茬口安排和间套作会影响辣椒的商品性。辣椒种植一般选用前茬非茄科作物的地块,如果选用前茬是茄科作物的地块,会造成辣椒病害严重,影响商品性。辣椒的间作有很多种方式,玉米—辣椒间作,辣椒—豆类间作等都是不同的间作方式,玉米和辣椒间作时玉米可以为辣椒遮阳,可以防止辣椒的日灼病,但要安排好间作的距离等,防止对辣椒的遮阳过大而影响了辣椒的产量。

19. 栽培环境与辣椒商品性的关系是什么?

辣椒原产于中南美洲热带地区,在长期的系统发育中形成了喜温暖而不耐高温,喜光照而不耐强光,喜湿润环境而不耐旱涝,喜肥而耐土壤高盐分浓度等一些重要生物学特性。不同地区的栽培环境都会对辣椒的商品性造成不同的影响,生产上要为辣椒的生长创造适宜的栽培环境,达到提高商品性的目的。

(1)温度　种子发芽的适宜温度为 20℃～30℃,低于 15℃或高于 35℃时都不能发芽。植株生长的适温为 20℃～30℃,开花结果初期稍低,盛花盛果期稍高,夜间适宜温度为 15℃～20℃。

(2)光照　辣椒对光照强度的要求不高,仅是番茄光照强度的一半,在茄果类蔬菜中属于较适宜弱光的作物,辣椒的光补偿点为 1 500 勒克斯,光饱和点为 3 000 勒克斯。如光照过强,将抑制辣椒的生长,易引起日灼病;光照过弱,易徒长,导致落花落果。辣椒对日照长短的要求也不太严格,但尽量延长棚内光照时间,有利于果实生长发育,提高产量。

(3)水分 辣椒的需水量不大,但对土壤水分要求比较严格,既不耐旱又不耐涝,生产中应经常保持土壤湿润。空气相对湿度保持在 60%～80%。

(4)土壤 以土层深厚、排水良好、疏松肥沃的土壤为好,对氮、磷、钾三要素的需求比例大体为 1：0.5：1,且需求量较大。

20. 病虫害防治与辣椒商品性的关系是什么？

病虫害对辣椒的商品性的影响很大。病虫害会影响辣椒产品的商品外观和内在品质。有些病害会在果实上产生霉状物、穿孔、各种斑点等危害,从而影响辣椒的外观。农药的使用也会在辣椒上有残留,从而影响辣椒的内在品质,因此生产上要控制病虫害的发生,减少其对辣椒商品性的危害。

21. 安全生产与辣椒商品性的关系是什么？

辣椒的内在品质的重要的一个方面是无害化,即辣椒这种蔬菜是安全的。辣椒生产的过程中,涉及很多病虫害的防治过程,在这个过程中施用农药都会产生少量残留,从而影响到辣椒的安全。因此,为了提高辣椒商品性,必须采用无公害的栽培技术,控制农药的施用量,有条件的地方要使用有机辣椒的栽培方式,从而提高辣椒的内在品质,做到安全生产,以提高辣椒的商品性。

22. 标准化生产与辣椒商品性的关系是什么？

在辣椒生产过程中,根据各地的生产条件和消费习惯制定的辣椒标准化生产规程对提高辣椒的商品性有重要作用。标准化的使用,可以对辣椒生产的各个环节进行控制,使辣椒在品种选择、地块整理、各个时期的田间管理、尤其是病虫害防治上可以做到精确控制,从而达到提高商品性,增加辣椒种植效益的目的。

23. 如何综合各因素的影响,在栽培技术上提高辣椒商品性?

影响辣椒商品性的因素很多,在生产中要把各种因素综合考虑进去,从辣椒品种选择开始到播种、育苗、苗期管理、定植、田间管理的各个环节进行细化,把每个环节做好,减少因病虫草等不良环境对辣椒生长造成的危害,为提高辣椒的商品性创造良好的辣椒生长环境,以提高辣椒的商品性。

三、辣椒品种选择与辣椒的商品性

24. 常见辣椒品种的分类原则是什么？

贝利(L. H. Bailey，1923)认为林奈(Linnaeus，1773)所记载的两个种，即 1 年生椒(*C. annuum*)及木本辣椒(*C. frutescens*)为种名，下分为 5 个变种。

(1)樱桃椒类(*var. cerasiforme Bailey*) 叶中等大小圆形、卵圆形或椭圆形，果小如樱桃，圆形或扁圆形。呈红色、黄色或微紫色，辣味甚强。制干辣椒或供观赏。如四川成都扣子椒、五色椒等。

(2)圆锥椒类(*var. conoides Bailey*) 与樱桃椒类似，植株矮；果实为圆锥形或圆筒形，多向上生长，味辣，如广东仓平的鸡心椒。

(3)簇生椒类(*var. fasciculatum Bailey*) 叶狭长，果实簇生、向上生长。果色深红，果肉薄，辣味甚强，油分高，多作干辣椒栽培。晚熟，耐热，抗病毒力强，如四川七星椒等。

(4)长椒类(*var. longum Bailey*) 株型矮小至高大，分枝性强，叶片较小或中等，果实一般下垂，为长角形，先端尖，微弯曲，似牛角、羊角、线形。果肉薄或厚。肉薄、辛辣味浓供干制、腌渍或制辣椒酱，如陕西的大角椒；肉厚，辛辣味适中的供鲜食，如长沙牛角等。

(5)甜柿椒类(*var. grossum Bailey*) 分枝性较弱，叶片和果实均较大。根据辣椒的生长分枝和结果习性，也可分为无限生长类型、有限生长类型和部分有限生长类型。

25. 怎样正确选择辣椒品种？

因地制宜,合理选择优良品种。我国各地人们的饮食爱好各异,就消费适应性和生态适应性而言,微辣型适应的重点是长江中下游各地,辣味型适应的重点是中南、西南、西北、东北;甜椒型适应的重点是华东、华北。

近郊应以早熟栽培为主。因此,近郊应选择技术性强、经济效益好的早熟品种。

离城不远,春季温度上升快的丘陵山区也应以早熟栽培为主。利用朝南向阳的山坡地种辣椒,一般比近郊早上市 10 天左右,同样可取得较高的经济效益。

远郊应以中晚熟栽培为主。

辣椒特产区以中晚熟栽培为主。属高山气候的地区,春季温度上升慢,但夏季凉爽,有利于辣椒越夏,宜作中、晚熟栽培。

适宜作干制的辣椒品种应有辣味浓厚,含干物质多,果皮薄宜干燥,而且抗逆性强、产量高、干制率高等特点。

26. 甜椒类品种的生育特点是什么？

甜椒的特点是叶片较大而宽,株型有紧凑和半松散两种。花冠大,有 5～8 裂、果肉厚、果腔多。浆果,扁圆、长圆、圆锥或长筒形。单株结果数 5～20 个。鲜果浅绿色或深绿色,成熟果红色、黄色和橘黄色。肥厚的果肉是由蜡质层、角质层、表皮、薄壁细胞组织和内果壁组成,后两者之间有一充满空气并具有纤维结构的细胞层,限制着果肉细胞分裂向内发展,从而形成中空果腔。果腔3～6 室或更多。果实表面光滑,常具纵沟,为甜椒果实重要的形态特征。

27. 尖椒类品种的生育特点是什么？

尖椒分鲜食尖椒和干椒两大类,鲜食尖椒皮厚,不宜干制,青果分批采收。干椒皮薄,一般在果实红熟后一次性收获,适宜干制和加工。尖椒主根不发达,根群多分布在 30 厘米的耕层内,根系再生能力比番茄、茄子弱。茎直立,黄绿色,具深绿色纵纹,也有的紫色,基部木质化,较坚韧。一般为双叉状分枝,也有三叉分枝。小果型品种分枝较多,植株高大。有较明显的节间,一般当主茎长到 5～15 片叶时,顶芽分化为花芽,形成第一朵花。其下的侧芽抽出分枝,侧枝顶芽又分化为花芽,形成第二朵花。以后每一分叉处着生一朵花。丛生花则在分叉处着生一朵或更多。单叶互生,卵圆形、披针形或椭圆形全缘,先端尖,叶面光滑,微具光泽。完全花,较小,单生或丛生 1～3 朵,花冠白色或绿白色。花萼基部连成萼筒呈钟形,先端 5 齿,宿存。花冠基部合生,先端 5 裂,基部有蜜腺。雄蕊 5～6 枚,基部联合花药长圆形,纵裂。雌蕊 1 枚,子房 2 室,少数 3 或 4 室。属常异交作物,虫媒花。浆果,果皮肉质;于心皮的缝线处产生隔膜。果身直、弯曲或螺旋状,表面光滑,通常具腹沟、凹陷或横向皱褶。果形取决于心皮数,一般为两心皮,有锥形、短锥形、牛角形、长形、圆柱形、棱柱形等。果顶有尖、钝尖、钝等形状。果实下垂,或向上,或介于两者之间。种子肾形、淡黄色,胚珠弯曲。千粒重 4.5～7.5 克。种子寿命 3～7 年。

四、辣椒育苗与辣椒的商品性

28. 育苗的优点有哪些?

(1)早熟效益高 春季大田直播受到露地气候的限制,一般 4 月下旬才出苗,青果到 7 月中旬以后才能采摘上市,极大地限制了辣椒的供应期。若早春采用保护设施提早育苗,人为控制幼苗生长所需的环境条件,在低温严寒季节即可培育出壮苗,一旦露地气候条件适合辣椒生长,就可以定植,这样相对延长了辣椒的生育期和供应期,达到提早上市和丰产的目的。由于提早上市,通过季节差价可以获得较高的经济效益。

(2)节省成本 由于目前普遍应用的杂交种子价格高,且大田直播用种量大,故成本费用也就大,而育苗移栽成苗率高,可大大提高种子的有效利用率,每 667 平方米仅需 50~100 克种子,大大降低了生产成本。

(3)提高土地利用率 大田直播受气候条件的限制,土地闲置时间较长,利用率不高,而采用育苗技术可使幼苗集中在小面积苗床上生长,缩短了生产田的占地时间,可提高土地的利用率。

29. 阳畦育苗有什么特点?

阳畦又叫冷床,宽 1.5~2 米,长 10~20 米不等,床深 15~20 厘米,南框高约 20 厘米,北框高约 40 厘米,北面设风障,上面覆盖透明物,夜间盖草帘。

阳畦场地要选择在向阳背风、地势高燥、排水良好、离大田近、管理和交通方便的地方,而且最近 1~2 年内没有种过茄果类和瓜类蔬菜及烟草等作物。场地的东、西两面不可有高大的建筑物和树木以防挡住阳光,南面不可有遮光物。

依窗子的覆盖形式,冷床可分为单斜面和双斜面两类。

(1)单斜面苗床 单斜面苗床的保温效果好,是目前应用较广的一种苗床。这种苗床的窗子向一面倾斜,坐北朝南,东西延长。苗床的宽度为 1.3～1.6 米,长度为 13～17 米。冬季早晨雾大,上午 8～9 时融霜后才揭开草帘的地区,单斜面苗床以向南稍偏西(5°～10°角)为好;早晨雾少和西北风强的地区,单斜面苗床以向南稍偏东为好。

(2)双斜面苗床 双斜面苗床的窗子呈屋脊形,向两面倾斜,又称"人字棚"。这种苗床应该南北纵长设置,一般宽约 2 米,长约 17 米。双斜面苗床的透光面大,光照条件比单斜面苗床好,但玻璃的用量约需增加两倍。

冷床由床框、盖窗、草帘、风障等部分组成,各部分要求如下:

①床框 床框围在苗床的四周,用来保持床温及支持玻璃和草帘。可用泥土、砖块、木材、水泥等作材料,其中应用最广泛的是用土作为床框。但土墙不够牢固,在土质黏性差的地区不能筑土墙。

②盖窗 在寒冷季节,既要保持床温,又要让太阳光照进苗床,所以盖在苗床上的窗子要使用透明的物体建造。目前广泛应用的是玻璃窗和塑料薄膜棚。玻璃窗的保温性较好,而塑料薄膜比较便宜。窗上不可用带色玻璃,以免透光不良。单斜面苗床的窗子倾斜度一般为 10°～15°角。

③草帘 为了增强苗床的保温效果,有时要在窗子上加盖草帘,特别是夜间。草帘必须保持干燥,降雨时草帘上应再盖一层塑料薄膜,以防草帘被淋湿,倘若已经淋湿,应尽快晒干。

④风障 若在空旷处建立苗床基地,应在基地四周设立风障,河、湖沿岸风大,设立风障尤为必要。北面的风障较高,一般为 2.7～3 米或更高些,以挡住北风;南面的风障低些,一般为 1.3～

1.7米,以减少遮光;东、西两侧的风障,在经常有风的一面应该较高些。苗床基地面积大,或南北狭长的,除四周外还要在中部设立风障挡住冷风,使苗床附近的空气稳定,减少热量的散失。做风障的材料有玉米秆、高粱秆、芦苇秆、麦秆、稻草等,可就地取材。

30. 酿热温床育苗的特点是什么?

酿热温床是在冷床和塑料棚的基础上在苗床底增加酿热物。

(1)床框的规格 酿热温床建造的关键是床坑的深度,即酿热物填充的厚度。单斜面温床的床底应挖成南边最深、北边次深、中间较浅的偏弧形,其比值可为6∶5∶4;双斜面温床和塑料小拱棚温床则挖成两边低、中间稍高的正弧形,平均深度可为40厘米。

(2)酿热物 以猪、牛粪等低酿热物为主,适当增加氮素营养,如人粪尿或与一部分鸡、羊粪等高热酿热物混用,既能保证产生适度的热量,又能使温度维持较长的时间。

(3)填充酿热物 酿热物填充的数量和厚度,要根据酿热物的种类、地区的差异、播种的早晚确定,一般以20~40厘米厚为宜。播种前10~15天,先在床底铺上一层3.3~7厘米厚的稻草或麦麸、碎草,以防止热量从床底散失。若酿热物掺和了几种不同的材料,在填入床坑前一定要充分拌匀。酿热物填入床坑时,四周靠近土壁的地方须特别注意。为均匀踏实,可把酿热物分两次填入床坑,第一次填20厘米厚,用耙子搂平、踏实,第二次再填20厘米厚,再用耙子搂平、踏实,立刻盖上玻璃框(或塑料棚),夜间加盖一层草帘,白天打开草帘以尽快增加温度。3~4天后把酿热物翻1次,按原样整平踏实,等温度达到25℃~30℃时就开始浸种催芽,再过2~3天酿热温床达到45℃时(即播种前2~3天)在酿热物上盖一薄层土,然后施坐底药,以防地下害虫。随后把事先准备好的培养土填到床内,播种床的培养土厚度为12~13厘米,分苗床为14~15厘米。当地温达到20℃时就可以播种了。

有时填充的酿热物不发热,或发热后 10 天左右温度就很快下降了。填充的酿热物不发热主要是酿热物已经发酵腐烂的缘故。而发热后很快就降温的一个原因是酿热物太干燥。用干燥的酿热物填充时,如果加入的水量不够,或在加水时材料吸水不够,使得酿热物含有部分水分,可供微生物活动,从而使酿热物发酵发热,当水分耗尽时,微生物即停止活动,酿热物就不再继续发热了。中途停止发热的另一个原因可能是雨水渗入床坑,使酿热物中水分过多。当酿热物不过分多时,空气间隙被水分充满,床内缺乏空气,好气性微生物不能进行呼吸作用,因无法分解酿热物中的碳水化合物而不能发热。为防止这种情况的出现,苗床地一定要选择在地热高、排水良好的地方。温床周围要深挖排水沟,覆盖物要严防漏水。

31. 电热温床育苗的特点是什么?

电热温床是使用特制的绝缘电阻丝把电能转化为热能,通过人工控制,从而提高苗床的温度。

(1)电热加温设备 电热温床的主要设备是电热加温线。电热加温线外面包有耐热性极强的乙烯树脂作为绝缘层,两端为导线接头。把电热加温线埋在一定深度的土壤中,从发热处向外,水平传递的距离可达到 25 厘米左右,15 厘米以内热量最多。

(2)保温设施 目前的电热温床地上都有保护设施,一般的冷床都可通过装电热加温设施改为电热温床,长江中下游地区多采用塑料大棚电热温床。另外,还须采用隔热层把床底和床的四周与外界隔开,减少床内热量向外扩散,提高增温效果,达到节约用电的目的。

(3)功率选定 电热温床每平方米使用的功率取决于当地的气候、育苗的季节、幼苗所需的温度及温床的散热情况等。辣椒育苗一般选用每平方米 80~100 瓦的功率。

(4)布线

①布线间距 电热加温线的布线间距可通过下列方法求得。首先求出每根电热加温线可加热的面积。其计算公式为：

每根电热加温线可加热的面积(米^2/根)＝电热加温线额定功率(瓦/根)/电热温床选定功率(瓦/米^2)

再求出育苗床需要电热加温线的根数。其计算公式为：

电热加温线的根数(根)＝温床面积(米^2)/每根电加温线可加温面积(米^2/根)

电热加温线的根数取整数。

然后求出电热加温线的总长度(米)。其计算公式为：

电热加温线的总长度(米)＝每根电热线的长度(米)×根数(根)

布线条数(根)＝[电热加温线总长度(米)－温床宽(米)×2]/温床长(米)

为使接头在一起,布线条数应取偶数,则平均布线间距为：

平均布线间距(米)＝温床宽(米)/布线条数(根)

②布线方法 布线时,为了避免电热温床边缘的温度过低,可以把边缘电热加温线的间距适当缩小,温床中间的间距适当加大,但必须保持平均间距不变。布线前先将床土挖6～8厘米深,床底整平,将事先准备好的隔热材料按所需的厚度(一般应超过3厘米)铺好隔热层,隔热层上再撒一薄层细土,以盖住隔热材料为度。布线前准备若干根小竹签,布线时将小竹签按布线间距直接插在苗床两端,然后安排3人布线,逐条拉紧。布完线后,在线上撒少量培养土,接通电源,检查线路是否畅通。电路畅通无误时,断开电源,随即将取出的床土覆上整平,拔出竹签。拔竹签时,左手紧挨竹签朝下按住,右手抓住竹签向内稍用力顺势拔出,这样就能防止将端线带出土面。

(5)使用电热线注意事项 ①电热线功率是额定的,使用时不得剪断和连线。②禁止把整盘的电热加温线通电测试,布线时不能交叉、重叠、打结,防止通电后烧断电热加温线。③使用前若发现电热加温线绝缘破裂,应及时用热熔胶修补。④布线结束时,应将两端引出的线归于同一边。线数较多时,每根线的首尾应分别做好标记,并将接头埋入土中。⑤与电源相接时,单向电路中只能并联,不可以串联;须使用 220 伏电压,不许用其他电压。最好配用控温仪控制秧苗所需要的温度,这样可节省用电约 1/3。⑥在起苗和取出电热加温线时,禁止硬拔硬拉或用锄头掘取。电热加温线用后要洗干净,整盘收放在阴凉干燥的地方保存,严防鼠咬和虫蛀。

32. 日光温室、塑料棚育苗的特点是什么?

日光温室、塑料棚育苗主要分冬春季节的增温育苗和夏季的降温遮荫育苗两种。

(1)冬春季节增温育苗 若采用日光温室或塑料大棚育苗,一般将棚内土地按温室、大棚走向做成宽 1.0～1.5 米的小畦,每畦加盖塑料薄膜,盖的方法与小拱棚相同。没有加热设施的大棚,在严寒季节,同样需采用多层塑料膜覆盖保温防冻。小拱棚育苗只需要塑料薄膜、竹片或小竹竿。小拱棚的大小要根据塑料薄膜的宽度、地形和播种量确定, 个宽 1 米、长 10 米的标准床可播种了 200 克,出苗 15 000～20 000 株。由于小拱棚的保温效果较差,在温度偏低的年份,采用加盖双层或三层塑料膜防冻保苗,但应注意两层膜之间保持一定距离。晚上可在塑料薄膜上再加草帘保温。中棚的面积和空间比小棚大,人员可以进入从事农事活动。棚宽一般 5～6 米,中间高 1.45～1.7 米,长 10 米以上,面积 50～300 米^2,形状与小拱棚相似,覆盖三层塑料薄膜,留两条通风口。用于育苗时,棚内一般再加盖小拱棚。也可用于分苗或成株栽培。

(2)夏季降温遮荫育苗 除去日光温室或大棚的塑料膜外,再覆盖一层或两层遮阳网,这样降温保湿的效果非常明显,一般棚内可比外边低 5℃～10℃,甚至可达 15℃。在种植面积小,栽培条件简陋的广大农村,可利用瓜棚支架藤蔓来遮荫,进行播种育苗;也可以在畦土的周边插上小木桩或粗竹竿,搭成比畦土面稍宽、高约 0.5 米的支架,上面覆盖稻草、茅草、秸秆等,从而起到遮阳降温的作用。

33. 辣椒播种期应如何确定?

辣椒播种期要根据当地的气候条件、栽培目的、品种特性及育苗设施条件、育苗技术水平决定。

首先确定适宜的定植期和适宜苗龄。辣椒定植必须在终霜期以后,保护地栽培可适当提前。辣椒的日历苗龄一般为 80～90 天,生理苗龄为 8～10 片叶,因此播种时必须考虑终霜期和苗龄,以苗育成后刚好可以定植到大田为宜。露地生产育苗的播种期,华北地区一般在 2 月下旬至 3 月上旬之间。如果选用早熟品种,并以早熟栽培为目的的可早播;若选用中晚熟品种并以丰产栽培为目的的,则可以迟播。另外,育苗设施和技术比较完善,供电充足,能有效地控制日历苗龄的,可适当迟播;反之,要适当早播。日光温室和其他保护地的栽培时间要根据计划上市时间、育苗条件等来确定。

34. 如何选择辣椒品种?

我国地域广阔,不同地区人们的饮食习惯、爱好也各不相同,就辣椒的消费适应性和生态适应性而言,微辣型主要适应的是长江中下游各地,辣味型主要适应的是中南、西南、西北、东北;而甜椒型主要适应的是华东、华北。因此要根据生产目的、消费习惯的不同,因地制宜选用辣椒品种。对辣椒品种的选择,要考虑以下 5 个方面的因素。

四、辣椒育苗与辣椒的商品性

(1)辣椒的商品性 种植前,要根据市场的需求,产品的去向选择适合的品种。比如哈尔滨、长春、大同等城市的市民喜欢大果型的甜椒;东南沿海各大中城市和港澳地区的消费者喜欢果肉厚、果个中等、光亮翠绿的甜椒。只有产品有良好的商品性,才可以销售出去而产生经济效益。近郊应以早熟栽培为主,应选择技术性强、经济效益好的早熟品种;春季温度上升快的丘陵山区、朝南向阳的山坡地也应以早熟栽培为主;远郊则应以中晚熟栽培为主。

(2)辣椒的丰产性 辣椒的丰产与否直接关系到菜农收入的多少。一些适合温室、大棚栽培的辣椒品种,在露地栽培条件下单产很低;同样,适合露地栽培的辣椒品种,在保护地内因植株长势过于旺盛,造成严重落花落果而大幅度减产。北方地区的露地甜椒丰产品种,在南方地区栽培,有的也严重减产。中国农业科学院、北京农业大学等单位选配的甜椒一代杂交种中椒 4 号、5 号、6 号、7 号、8 号,农大 8 号,农大 9 号,沈椒 4 号,洛椒 4 号,湘椒 3 号等丰产性都很高。

(3)品种的抗病性 辣椒的病害较多,有幼苗猝倒病、立枯病、枯萎病、病毒病、褐纹病、软腐病、疮痂病和日灼病等,这些病害常常造成露地甜椒不同程度的减产,甚至绝产。不同品种对上述病害的抗病性有明显的差异,但截至目前,尚无任何品种兼抗上述各种病害。经生产实践检验,较抗病的品种有中椒 4 号、中椒 5 号、中椒 6 号、中椒 7 号、中椒 8 号、农乐甜椒、农大 9 号、同丰 37 号等,其中耐疫病的品种有中椒 6 号、中椒 8 号等。

(4)品种的抗逆性 露地辣椒生产要考虑耐热性,保护地栽培要考虑品种的耐寒性。露地辣椒生产多在夏季,由于炎热多雨,往往造成植株衰老,落叶、落花和落果;保护地生产要考虑品种耐低温、耐弱光的能力,选择的品种要适应保护地的小气候环境;辣椒特产区属高山气候的地区,春季温度上升慢,但夏季凉爽,有利于辣椒越夏,宜作中、晚熟栽培。

(5)品种的耐贮运性 我国各地利用气候差异形成的专业化生产、社会化供应的甜椒外销基地,诸如山西省长子县,广东省茂名、湛江市至海南省以及云南省元谋县等地,有的是炎夏南运,有的是隆冬北销,都需经过几天的长途运输,并要在相当一段时期内销售,因此,对于甜椒外销者而言,品种的耐贮运性非常重要。目前,茄门、同丰37号、农大40号、农发甜椒、吉农方椒、九椒1号、龙椒1号、冀椒1号、绿扁甜椒、中椒4号等品种的耐贮运性较高,只有选择种植耐贮运性较高的品种才能较好地保持其商品性。

35. 生产中较常用的甜椒品种有哪些?

中椒105号

由中国农业科学院蔬菜花卉研究所最新育成的甜椒新品种。该品种生长势强,连续结果性好,中早熟,定植后35天左右开始采收。果实灯笼形,果大,果色浅绿,果面光滑,品质优良,果肉脆甜。抗逆性强,兼具较强的耐热和耐寒性,抗病毒病。丰产、稳产,每667平方米产量4 000~5 000千克。同类品种相比,产量提高11.2%~68.1%,单果重提高20~40克,对烟草花叶病毒、黄瓜花叶病毒的抗性显著增强,果实商品性显著增强。果形好、较抗病,尤其突出的是在中后期仍能保持较高挂果率和果实商品性。

晋椒202

由山西省农业科学院蔬菜研究所育成。中熟。植株生长势强,叶片大、深绿色。果实方灯笼形,单果重200克以上,果面光滑,果色翠绿,有光泽,味微甜,品质佳、耐贮运。较抗病毒病、疫病。适宜华北地区春季露地及保护地栽培。

茄门甜椒

上海地方甜椒品种。株高63厘米左右,开展度72厘米见方,第一花着生在第十四至第十六叶节。果实方灯笼形,纵径、横径各约7厘米。商品成熟果呈深绿色,生理成熟果呈深红色。单果重

70~100 克,最大可达 250 克。果肉厚 0.6~0.7 厘米。3~4 心室。质脆、味甜、品质好。耐贮运。中晚熟,适宜露地栽培,每 667 平方米产 4 000~5 000 千克。

中椒 4 号

由中国农业科学院蔬菜花卉研究所培育的甜椒一代杂交种。植株生长势强,株高 56.4 厘米,开展度约 55 厘米见方,叶色绿,在第十二至第十三节着生第一花,果实灯笼形,果色深绿,果面光滑,单果重 120~150 克,果肉厚 0.5~0.6 厘米。味甜质脆,品质好,每 100 克鲜重含维生素 C 78.9 毫克。耐病毒病。中晚熟,适宜露地恋秋栽培,每 667 平方米产 4 000~5 000 千克。

中椒 5 号

由中国农业科学院蔬菜花卉研究所培育的甜椒一代杂交种。植株生长势强,平均株高 61.6 厘米,开展度 59.2 厘米×54 厘米,叶片卵形,花白色。第一花着生节位在第九至第十一叶节,连续结果能力强。果实灯笼形,3~4 心室,果色绿,果面光滑,纵径 10.7 厘米,横径 6.9 厘米。耐贮运。适宜露地早熟栽培,也可在保护地种植,同时还能进行越夏栽培。一般定植后 40 天左右即开始采收,每 667 平方米产量为 3 300~4 950 千克。

洛椒 1 号

由洛阳市辣椒研究所从齐齐哈尔甜椒的变异株中系统选育而成。株高 45~55 厘米,2~3 杈分枝,节间较短,株形紧凑。叶片较小、深绿色。门椒节位为第 9~10 节。门椒多为 2 个,节节坐果,可连续坐果 6~10 个,最多坐 15 个。果实方灯笼形、翠绿色,果面光滑,单果重 80~100 克,最大果重 220 克。极早熟,定植后 35~45 天即可收获。较耐病毒病,耐贮运。适宜早春保护地或春季地膜覆盖栽培,每 667 平方米产 4 000~5 000 千克。适宜全国各地种植。

甜杂 6 号

由北京蔬菜研究中心选配的一代杂交种。

植株生长势较强,株高 73.3 厘米。叶片绿色。第一花着生在主茎第十一节上。果实灯笼形,绿色,果柄下弯,单果重 80 克,最大达 110 克以上。果肉厚 0.4 厘米,味甜质脆,每 100 克鲜重含维生素 C 73.4 毫克。坐果率高,连续结果性好。能抗烟草花叶病毒病。早熟种。每 667 平方米产 3 000～4 000 千克。适宜保护地栽培。适宜种植地区为北京、河北、河南、山东、山西、江苏、广东等省(直辖市)。

海花 3 号

为北京市海淀区农业科学研究所植物组织培养室育成的甜椒品种。株形紧凑,平均株高 37 厘米,第一花着生节位约在第十一叶节。果实为长灯笼形,纵径 8 厘米,横径 5.5 厘米。果面光滑,色深绿,果肉厚 0.4 厘米,单果重 60.8 克。单株平均结果 7.2 个。在北京早熟,从播种至采收 120～130 天。较耐病。平均每 667 平方米产 2 500～4 000 千克。

中椒 11 号

由中国农业科学院蔬菜花卉研究所育成的优质中早熟甜椒一代杂交种。植株生长势强,始花节位为第八至第九节。果实为长灯笼形,果面光滑,果色绿,纵径 10.9 厘米,横径 5.96 厘米,果肉厚 0.49 厘米,3～4 心室。单果重 80～100 克。味甜质脆,品质佳、商品性好。采收期果实大小整齐,连续结果性强,每 667 平方米产 4 200～5 500 千克。抗病毒病。

中椒 8 号

由中国农业科学院蔬菜花卉研究所育成的中晚熟一代杂交种。植株生长势强,株高 60 厘米左右,株幅约 65 厘米。果实灯笼形;商品菜熟果深绿色,种熟果红色,果面光滑,3～4 个心室,果肉厚 0.54 厘米,味甜质脆,品质好。单果重 90～150 克。抗病毒病,耐疫病。适合露地恋秋栽培,每 667 平方米产 4 000～5 000 千克。

甜杂 1 号

由北京市农林科学院蔬菜研究中心用奥地利甜椒与茄门甜椒为亲本培育的早熟一代杂交种。植株生长势强,第一花着生于第十一至第十二节,果实圆锥形,商品菜熟果绿色,种熟果红色,果面光滑,果肉厚 0.4 厘米,味甜质脆,品质好。每 100 克鲜重含维生素 C 74 毫克。单果重 50 克。连续坐果率高。抗烟草花叶病毒,耐黄瓜花叶病毒,适宜保护地和露地栽培。每 667 平方米产 3 000～4 000 千克。

甜杂 2 号

由北京市农林科学院蔬菜研究中心培育的早熟一代杂交种。植株生长势强,多为三杈分枝,第一花着生于第十一节,果实灯笼形,商品菜熟果绿色,种熟果红色,果肉厚 0.35 厘米,味甜质佳。单果重 50 克。适宜保护地和露地栽培。每 667 平方米产量最高可达 6 000 千克。

辽椒 3 号

由辽宁省农业科学院园艺研究所育成的中早熟常规品种。果实灯笼形,商品菜熟果绿色,种熟果红色,果面凸凹不平,果实纵径约 14.5 厘米,横径 13 厘米左右,果肉厚,3～4 个心室,味甜,品质好。每 100 克鲜重含维生素 C128 毫克。单果重 400～450 克。株高 50～60 厘米,株幅 60 厘米左右,叶片肥大,生长势强,较抗病,适宜露地栽培。每 667 平方米产 4 000～5 000 千克。

冀研 4 号

由河北省农林科学院经济作物研究所育成的中熟甜椒杂交种。果实灯笼形,果绿色,果面光滑有光泽,平均单果重 100 克,果重最大达 200 克,果实味甜,质脆,品质好。植株抗病能力较强,丰产性好。每 667 平方米产 4 000～5 000 千克。主要用于露地地膜覆盖栽培,也可作为大中棚栽培的大果型品种。

冀研 5 号

由河北省农林科学院经济作物研究所培育成的中熟甜椒杂交种。属中熟甜椒杂交种。植株生长势强,分枝能力较强,较开展,连续坐果能力强。果实灯笼形,果大,肉中厚,平均单果重 100 克,最大单果重 200 克。果实味甜质脆,品质好。抗逆、抗病性好,既耐低温弱光,又耐热,抗辣椒病毒病,较抗辣椒炭疽病、疫病。品种适应性强,在不同类型保护地及露地栽培,均能高产稳产。每 667 平方米产 4 000 千克。适合北方保护地及南菜北运基地露地栽培。

冀研 6 号

由河北省农林科学院经济作物研究所育成。植株生长势强,果实灯笼形,翠绿色,果面光滑而有光泽,单果重 114～250 克,味甜质脆,商品性好,耐贮运,抗辣椒病毒病和炭疽病。每 667 平方米产 4 000 千克左右。前期坐果集中,连续坐果能力强,适应性强,适宜保护地栽培,也可露地地膜覆盖栽培。

冀研 12 号

由河北省农林科学院经济作物研究所育成。中早熟大果型杂交种,植株生长势强,株形较紧凑,果实方灯笼形,肉厚,单果重 250～400 克。果色绿,果形美观,果面光滑而有光泽,味甜质脆,商品性好,耐贮运,抗辣椒病毒病,抗疫病。每 667 平方米产 4 000 千克左右。主要用于保护地栽培,也可用于露地地膜覆盖栽培。

冀研 13 号

由河北省农林科学院经济作物研究所育成。中熟大果型杂交种。植株生长势强,果实灯笼形,肉厚,单果重 250 克。果形美观,果面光滑而有光泽,果深绿色,商品性好,耐贮运,抗辣椒疫病、病毒病。每 667 平方米产 4 000 千克左右。主要用于保护地栽培,也可用于露地地膜覆盖栽培。

双丰甜椒

由中国农业科学院蔬菜花卉研究所与北京市海淀区植物组织培养技术实验室共同培育的中早熟一代杂交种。果实灯笼形,商品菜熟果绿色,种熟果红色,果面光滑,3～4 个心室,果肉厚 0.45～0.55 厘米,单果重 75～100 克。味甜质脆,每 100 克鲜重含维生素 C 55 毫克。株高 53 厘米左右,株幅约 60 厘米,第一花着生于第十一至第十二节。植株生长势强,连续结果性强,耐病毒病,适宜保护地和露地栽培,每 667 平方米产 3 500～4 500 千克。

农大 9 号

由中国农业大学园艺系育成的中熟一代杂交种。果实方灯笼形,商品菜熟果色鲜绿,种熟果红色,果面光滑,果肉厚 0.5 厘米左右,味甜质脆,品质好,单果重 100～150 克。植株生长势强,抗病毒病,坐果率高,丰产稳产,适宜露地栽培,每 667 平方米产 5 000 千克左右。

白彩椒

又名白玉彩椒,是从美国进口的中早熟彩椒杂交品种。可作为节日礼品或高档餐厅的特菜。果实乳白色,形似白玉,灯笼形,外形美观,口味极佳。单果重可达 200 克,单株坐果 10 个以上。果肉厚 0.6 厘米左右,果面光滑有光泽,是彩椒中的优良品种。

金彩椒

从荷兰引进的中熟彩椒杂交品种。果实长圆形,果肉较厚,嫩果绿色,成熟果金黄色,颜色艳丽,外形美观,丰产性好,果实特大,单果重 300 克左右。味甜质脆,品质极佳,是近年来兴起的高档特菜品种,经济效益极高。一般每 667 平方米可种植 3 000 株,产量在 4 000 千克以上。

褐彩椒

从美国进口的中晚熟彩色甜椒品种。果实灯笼形，成熟后为褐色，果大肉厚，单果重 150 克，最大可达 200 克以上。适合各种保护地栽培。每 667 平方米可种植 3 000 株，产量在 3 500 千克以上。

农大 40

由中国农业大学育成。株形紧凑，株高 70 厘米，株幅 65 厘米，茎秆粗壮，叶色深绿。主茎第十至第十二片叶腋处着生第一朵花。果实长灯笼形，心室 3～4 个。果实长 10～12 厘米，横径 8～12 厘米，嫩果浅绿色，有光泽，果肉脆甜，果肉厚 0.5～0.6 厘米，单果重 150～200 克。中晚熟品种，生长势强，果实发育速度快。抗病毒病，耐热。丰产性好，一般每 667 平方米产 4 000～5 000 千克。

36. 生产中较常用的尖椒品种有哪些？

洛椒 2 号

由河南省洛阳市辣椒研究所经系统选育而成的早熟牛角椒品种。株高 40～50 厘米，生长势较强。第一果着生于主茎第八至第十节。果实牛角形，深绿色，果长 18～28 厘米，肉厚 0.3 厘米，味微辣，品质好。早熟、耐寒，高抗病毒病。结果性能好，单株挂果 30～50 个，每 667 平方米产 4 000～5 000 千克。

8819 线辣椒

由陕西省农业科学院蔬菜研究所、岐山县农业技术推广中心、宝鸡市经济作物研究所和陕西省种子管理站共同育成的一代杂种。株高约 75 厘米，株形矮小紧凑，生长势强。二杈状分枝，基生侧枝 3～5 个。果实簇生，长指形，深红色，有光泽，果长 15 厘米左右,单果鲜重 7.4 克。适宜制干椒,成品率 85% 左右。干椒色泽红亮,果面皱纹细密,辣味适中,商品性好。中早熟,生育期 180 天左右。抗病性强,对衰老和烂落有较强的抵抗性。具有良好的丰产性、稳产性和多种加工的特性,一般每 667 平方米产 300 千克以上。适宜陕西省等辣椒主产区种植。

伏 地 尖

伏地尖是湖南省衡阳市郊农家品种。植株矮,株形较开张,株高 45 厘米,开展度 50 厘米见方。门椒节位为第八至第九节,果实牛角形,长 12 厘米,横径 1.8 厘米,果面光滑,深绿色,有光泽,单果重 9 克。早熟,耐寒、耐湿、耐肥力均强,结果集中,早期产量高。每 667 平方米产 730~1 250 千克。适宜湖南省及周围嗜辣地区种植。

保加利亚尖椒

该品种引自保加利亚,属中熟品种。植株生长势强,株高 60~70 厘米,开展度 45~50 厘米见方。叶绿色,门椒节位为第十至第十二节。果牛角形,浅黄绿色,果顶渐尖,弯或稍弯。果长 21 厘米,果面有浅纵沟。果肉厚 0.3~0.45 厘米,心室 2~3 个。辣味浓,质脆,单果重 30 克,每 667 平方米产 3 500 千克。该品种耐低温、耐弱光、抗逆性强,坐果多,产量稳定,耐贮运。东北、华北、华南等地区均有种植。

中椒 13 号

由中国农业科学院蔬菜花卉研究所新近育成的中熟辣椒一代杂种。植株生长势强,连续结果性强,果实羊角形,始花节位为第十二至第十五节,果长 16 厘米,横径 2.45 厘米左右,果肉厚 0.21 厘米,2~3 心室,果面光滑,果色绿,单果重约 32 克,微辣,商品性好。该品种耐热、抗旱、抗病性强,抗病毒病、中抗疮痂病。高产、稳产,每 667 平方米产 3 000~5 000 千克。适应华北、华南、西北、华东、西南、东北等地区栽培。既适宜各地作露地及日光温室栽培,也适宜南菜北运基地种植。

晋尖椒 1 号

原名"22 号尖椒"。由山西省农业科学院蔬菜研究所于 1956 年用云南金黄甜椒作母本,四川二筋条作父本杂交选育而成。1992 年 5 月经山西省农作物品种审定委员会第 18 次会议审定,定名为"晋尖椒 1 号"。植株高 53 厘米,开展度 44～47 厘米见方。叶片大小中等,绿色。花单生,花冠白色,花萼下包。果实呈长羊角形,长 18～21.5 厘米,横径 2～2.3 厘米,单果重 21～33 克,靠近花萼处果皮带有皱褶,果顶钝尖,果皮成熟时呈红色,果肉厚,辣味强,宜鲜食,不宜干制。中熟偏早,定植后 40 天可采收鲜椒。较抗病毒病,不抗炭疽病和疫病。耐高温高湿,适宜春季露地或大棚内栽培。

晋尖椒 2 号

由山西省农业科学院蔬菜研究所育成的一代杂交种,1998 年通过山西省品种审定委员会审定。株高 55～65 厘米,株形较开展,节间较短,植株紧凑,坐果率高。叶片深绿色。果实羊角形,果长 17.8 厘米,横径 2.3 厘米,单果重 20 克左右,果面有皱褶,味辣。早熟,比山西主栽品种 22 号尖椒早上市 10 天左右,较耐热,立秋后仍继续开花坐果。抗病毒病。每 667 平方米产 2 500～3 500 千克。适宜山西及邻近各省区露地早熟和延后栽培。

晋尖椒 3 号

由山西省农业科学院蔬菜研究所育成的一代杂交种,1998 年通过山西省品种审定委员会审定。株高 60～65 厘米。叶片绿色。果实长羊角形,果长 21 厘米,横径 2.2 厘米,单果重 22.7 克左右,果面少皱褶、较平滑,味辣,商品性好,中早熟,比 22 号尖椒早熟 3 天左右。每 667 平方米产 2 500～3 500 千克。适宜山西及邻近各省区栽培。

晋椒 303

由山西省农业科学院蔬菜研究所育成的粗大牛角椒,一代杂交种。早熟,植株较直立,生长势强。株高 55～60 厘米,株展 55 厘米左右,茎秆粗壮,叶片绿色。青熟果色泽嫩绿光亮,商品性好,果皮光滑,果长 20～22 厘米、粗 4.5～5.5 厘米,单果重 100～120 克,大果可达 150 克以上,微辣,品质佳。连续结果能力强,耐低温,每 667 平方米产 5 000 千克以上。露地及春秋保护地均可种植。

沈椒 4 号

由沈阳市农业科学院育成。第十节左右着生第一花,早熟,果实膨大速度快,定植后 30 天即可采收青果。植株矮壮,株高 38 厘米,株幅 36 厘米,抗烟草花叶病毒,耐黄瓜花叶病毒。果实长灯笼形,果长 11～12 厘米,果横径 6～7 厘米,果肉厚 0.35 厘米,平均单果重 60 克,果色绿,可食率 83％以上。果实有辣味,每 100 克鲜重含维生素 C 100.6 毫克,品质好,风味上乘,适合鲜食。适宜塑料大棚、小拱棚栽培,也适宜地膜覆盖栽培。

沈椒 5 号

由沈阳市农业科学院育成。第十一节左右着生第一花。早熟,定植后 30 天左右可采收青果。植株生长势强,株高 52.6 厘米,株幅 32.8 厘米,抗病毒病较强。果实牛角形,果长 15 厘米,果横径 4 厘米,果肉厚 0.34 厘米。单果重 40 克左右。果色绿,表面光滑,每 100 克鲜重含维生素 C 100 毫克以上,可食率 84％以上。有辣味,品质好,适宜鲜食。

苏椒 5 号

由江苏省农业科学院蔬菜研究所在"八五"期间选育的适宜保护地栽培的早熟大果、耐低温弱光、微辣型品种。抗烟草花叶病毒,中抗疫病。每 100 克鲜重含维生素 C 72.38 毫克。果实膨大快,连续结果性强,前期产量高。皮薄肉厚,口感好。

皖椒 4 号

由安徽省农业科学院园艺研究所育成的浓辣味早熟品种。分枝力强。株高 60 厘米左右,开展度 70 厘米左右见方。始花节位为第十至第十一节,果实耙齿形,青果深绿色,老熟果大红色,果面微皱有明显的棱,果肩凹陷。果长 15 厘米左右,果肩宽 4 厘米,单果重 45~50 克,最大达 80 克,果肉厚 0.35 厘米。品质、口感及商品性均很好。高抗病毒病和炭疽病,不耐日灼、耐湿、耐低温、耐弱光。露地栽培,一般每 667 平方米产 3 500~4 000 千克。棚室保护地栽培可延长结果期,每 667 平方米产量可达 8 000 千克以上。

湘研 15 号

由湖南省农业科学院蔬菜研究所育成。成熟期提前,抗病性强。植株紧凑,分枝力强,叶色浓绿,第一花着生在第十三至第十四节。果实长牛角形,青熟果绿色,老熟果红色,果面光亮,果长 20 厘米,横径 3.5 厘米,果肉厚 0.3 厘米,单果重 35 克。味辣而不烈,肉质细软。中熟,丰产。耐热、耐旱,抗病性突出。适应性强,能越夏结果,为辣椒中陆续采收期较长的品种,露地栽培采收期可达 170 天。一般每 667 平方米产 5 000 千克以上。保护地栽培可延长其结果期,每 667 平方米可产 9 000 千克以上。

金 塔

是干椒杂交品种栽植面积最大的优良品种之一。植株长势强,抗辣椒病毒病。株高约 75 厘米,开展度 60~70 厘米,产量高。每 667 平方米产 300 千克左右。辣椒果实羊角形,果长 10~15 厘米,横径 2.5 厘米左右,单株结果数为 25 个以上。该品种果实成熟晾干后呈紫红色,皮厚,平整光滑,色素含量高,辣味适中,商品性状好,适合加工出口及色素提取的优质干椒品种。

日本三樱椒

该品种为中晚熟品种，果形小，适宜干制。植株直立紧凑，株高 100 厘米，叶披针形，花簇生，果丛生，果实长而细小，朝天生长。果长 5 厘米，鲜红色，果形弯曲油亮呈鹰嘴状，辣味浓，抗病性强。每株可着生 100 多个果实，果皮厚，商品性好，适合出口并深受南方市场欢迎。每 667 平方米可产 260 千克左右。

益都红辣椒

该品种植株较直立，生长势强，成株高 60～70 厘米，开展度 75 厘米左右。第一果着生在主茎第十二至第十四节上。果顶向下，果实羊角形，果实表面有棱，青果期果皮绿色，老熟后呈紫红色。果实长 10～13 厘米，横径 2.6 厘米，果皮厚 0.2 厘米。干椒油分多，辣味浓，色素含量高，品质好。抗病性强。一般每 667 平方米产干椒可达 330 千克左右。

吉椒八号辣椒

由吉林省蔬菜花卉研究所育成。植株生长势强，株高和开展度平均 60 厘米，首花节位在第十三节。果实粗羊角形，青熟果绿色，果长 20 厘米左右，果横径平均 2.5 厘米，单果重 35～45 克。抗病毒病能力强，兼抗辣椒疫病。属半辣型、中晚熟杂交种，每 667 平方米产量 4 000～4 500 千克。适宜辣椒地膜覆盖提早栽培，辣椒秋延后种植，同时是辣椒酱用最佳品种，红辣椒产量高。该品种综合性状优良，属丰产、增值型品种。

赤峰牛角椒

植株生长势强，株高 60～70 厘米，叶色深绿。果实长牛角形，果长 20 厘米左右，果实横径 3.0～3.5 厘米，单果重 80～100 克。味辣质脆，品质佳。抗辣椒病毒病能力较强。属中晚熟品种。每 667 平方米产量 4 000 千克。

37. 优良辣椒种子的特点是什么?

优良辣椒种子中的甲级种子的纯度应达到 98%,乙级种子的纯度应达到 96%,低于此标准的种子不应使用;甲级种子净度要求达到 98%,乙级种子 97%,即每千克种子中混入的其他种子不得超过 100 粒。种子的含水量应在 10%左右,含水量高于 14%不利于保存而且会降低发芽率。甲级种子的发芽率应达到 90%~98%,乙级种子应达到 85%以上。发芽势在 3~5 天内要达到 85%,否则发芽不整齐,影响秧苗的一致性。辣椒种子颜色黄亮有光泽,饱满,无杂质,凡符合以上条件的辣椒种子可以用,否则不可用。

38. 辣椒种子的发芽率如何测定?

辣椒种子的发芽床为纱布或滤纸,到发芽第六天时计算发芽势,14 天计算发芽率。在用纱布或滤纸法时水分不易控制,时间长,种子容易霉烂。而毛巾卷发芽法操作简便、快速(4 天计算发芽势,7 天计算发芽率)、准确性高(同标准法比较误差在±2%内),是较为理想的发芽率测定方法。因此,毛巾卷快速种子发芽法可用于辣椒种子的室内检验。具体操作如下:将毛巾预先煮沸消毒,捞出冷却至室温,拧到不滴水,湿润即可。从经过净度检验后的好种子中随机抽取试样 4 份,每份 100 粒。将 4 条消毒后的湿毛巾铺于桌面,把种子整齐地排列在每条毛巾的左半部,粒与粒之间至少保持与种子同样大小的距离,边缘空出 1.5 厘米。将余下的半块毛巾覆盖在种子上,中间放 1 根竹筷,把湿毛巾小心地卷成棒状,两端用橡皮筋扎牢,装进充满空气的塑料袋内,扎紧袋口,挂上标签,标签上应注明置床时间、品种、重复次数等。最后,将 4 次重复放入 30℃发芽箱内,直至发芽结束,不须加水。在试验进行到第四天和第七天时,分别测定 4 条毛巾中种子的发芽势和发芽率。取其平均数作为该批种子的发芽势和发芽率。测定发芽势和发芽率时,根、芽折断的苗需计入正常发芽的种子。为了保证用苗量,在育苗之前要进行发芽试验。

39. 如何准备苗床土?

每种植 667 平方米辣椒需准备苗床 6～8 平方米,每 10 平方米的播种床需培养土 0.3 立方米。苗床培养土要选用富含有机质、团粒结构良好、无病菌、没种过茄果类蔬菜的土壤,播种畦的营养土可按肥沃的大田土 6 份、腐熟的有机肥 4 份的比例配制,每立方米营养土中再添加腐熟的鸡粪 25 千克、过磷酸钙 1 千克、草木灰 10 千克,充分混匀后过筛备用。配制好的培养土于播种前 1 周填入苗床内。

为防地下害虫,可采用毒饵诱杀的方法,即将 10 克敌百虫结晶对水 300 毫升,喷在 500 克炒香的麦麸或豆饼上,每平方米培养土中均匀撒 15 克喷过药的麦麸或豆饼,然后架棚盖膜。每平方米苗床用五氯硝基苯 3～4 克或 50％多菌灵 50～100 克,掺入 5～10 千克细土拌匀,播种前在床面上撒施一半药土,播种覆土后再在床面上撒入余下的药土,这样就可以预防苗期病害。

40. 容器育苗的技术措施有哪些?

利用容器育苗、带土定植的优点是容易成活,基本无缓苗期,生长迅速整齐,可为日后的管理和高产打下基础。

容器育苗所用的营养土可采用如下方法配制:5 份黄土＋2 份充分腐熟的牛粪＋3 份砻糠灰,或 7 份充分腐熟的食用菌下脚料＋3 份充分腐熟牛粪,再加入适量过磷酸钙,充分混匀过筛后即可。播种前,要先将调整好 pH 值的培养土装入育苗盘中,将基质刮平轻压,然后用喷水壶浇水,浇水量随基质的成分及基质本身的干湿度而定,一般浇水后使基质持水量达 80％左右,从外观看以不溢水为准。待水渗透后即可播种。在育苗盘中播种多采用点播。播种后覆上一层厚 0.5 厘米左右的干基质并轻轻压紧,以防止出现幼苗"顶帽子"的现象,再用喷雾器喷一薄层水,使盖籽基质呈湿润状态,最后覆上遮阳网或塑料地膜。苗期的管理同正常育苗。

41. 种子处理的技术要点是什么?

对种子处理有晒种、浸种和催芽 3 个步骤。晒种是指将用于播种的种子摊在阳光下晒 2~3 天。浸种、催芽应在播种前 3~5 天进行。浸种的方法主要有清水浸种、热水浸种、药水浸种和微量元素浸种等。

(1)清水浸种 将种子浸入到清洁的水中,最好是用井水,水温调至 20℃~30℃。种子投入到清水后,捞去浮在水面的瘪籽、果皮等物,再换清水浸泡。浸种所使用的工具和清水不能有油污,否则会影响种子呼吸。浸种时,水的用量不可过多,以全部浸没种子或水面略高于种子为宜。种子吸水后逐渐膨胀,等种子充分吸胀时浸种工作结束,反复多次搓洗膨胀的种子,除去种皮外的黏液,再用清水洗净、晾干,以手摸清爽、不粘手、籽粒间不粘连为度。辣椒浸种时间为 8~12 小时,浸种时间的长短与水温有关,在一定范围内,随着水温的增高,种子的吸水速度加快,浸种时间缩短。

(2)热水浸种 热水浸种前,先将种子放在常温水中浸 15 分钟,促使种子上的病原菌萌动,易被烫死,然后将种子投入 55℃~60℃的热水中烫种 15 分钟,水量为种子体积的 5~6 倍。烫种过程中要及时补充热水,且要不断搅拌,使种子受热均匀,至水温降到 30℃左右时才可停止搅拌,也可在达到烫种时间后将种子转入30℃的温水中浸泡 4 小时。浸种时,要将温度计一直插在热水中测定水温,以便随时调节。种子数量较少时,可先将种子装在纱布袋中,烫种时连袋浸入水中,达规定的时间后可迅速将种子转入

30℃的温水中继续浸泡。种子数量较多时,可用细孔网篓代替纱布袋。

(3)药水浸种 采用药水浸种时,应严格掌握药水的浓度和浸种时间。种子浸入药水前,要用温清水先预浸 4～5 小时,种子在药水中浸过后要立即用清水多次冲洗。

①硫酸铜浸种 先将种子用清水浸 4～5 小时,再用 1％的硫酸铜溶液浸 5 分钟,取出种子用清水冲洗干净后再播种或催芽;或用 1％的生石灰浸一下,中和酸性后再播种;也可以取出种子阴干后,拌少量熟石灰粉或草木灰,中和酸性后再播种。该法对防止炭疽病和疮痂病的效果较好。

②升汞水浸种 先将在清水中浸泡过 4～5 小时的种子,用 0.1％升汞水消毒 5 分钟,取出种子并且用清水冲洗干净,再催芽、播种或晾干备用。该法对防治疮痂病效果较好。

③链霉素液浸种 将在清水中浸泡 4～5 小时的种子,用 1 克/升的农用链霉素液浸种 30 分钟,水洗后再催芽。该法对防止疮痂病、青枯病效果较好。

④磷酸三钠浸种 将清水浸泡过的种子,用 10％的磷酸三钠水溶液浸种 20～30 分钟,浸后用清水冲洗干净。该法对防止病毒病效果较好。

⑤1％次氯酸钠浸种 种子经药剂处理 5～10 分钟后用清水淘洗数遍,然后置于常温水中浸种 8～12 小时。

(4)微量元素浸种 用 0.002％的硼酸或 0.02％的硫酸铜、硫酸锌、硫酸锰等溶液浸泡辣椒种子 5～6 小时,有促进早熟、增产的作用。

催芽。辣椒在 25℃～30℃的温度下,一般需 3～5 天发芽,温度降低则发芽推迟。

催芽的方法:把充分吸胀的种子,用干净的湿毛巾或布袋包好,放在盆钵中。盆底用小木条或竹竿搭成井字架,种子放在架子上。袋内种子不要太多,布袋不宜包得太紧,要较宽松,种子袋也不要接触盆底以免影响通气。种子袋上再盖几层湿毛巾以保持湿度,然后放置在适温处催芽。

也可利用电灯加温催芽的方法:将装种子的木桶置于水缸内,桶与缸之间垫稻草以隔热、保温。桶内底部装适量的温水,水面上挂上电灯,为使受热均匀,要在电灯上面罩一块小木板,种子放在电灯上部的蒸架上,桶外再披上几层麻袋,即可做成土制催芽箱。这种催芽方法设备简单,管理方便,可适当调控温度,应用效果较好。此外,还有一种简便易行的方法,即当种子数量少时,在浸种后捞出,用湿润的纱布包好,再套上塑料袋,放在贴身的内衣口袋里,经过3天种子即可发芽。催芽期间要经常检查温度,每天翻动种子2～3次,使种子受热均匀,以利于种皮透气,并观察温度是否合适,如发现种子发黏,应立即用清水把种子和包布清洗干净,一般可每隔1天清洗1次,以免缺水和发霉。清洗后控出水分,继续催芽。有条件的用电热恒温箱催芽,效果最好。也可在灶台边或热炕上进行催芽。

42. 播种的主要步骤有哪些?

播种应选在晴天上午10时至下午3时进行,若播种后连续晴天最好。一般品种每667平方米需用种150克左右。播种前一天先浇足底水(浇透并存5厘米左右的明水),第二天播种时撒上一层(约0.3厘米厚)筛过的培养土作为垫土,将催过芽的种子均匀撒播在苗床上,然后再覆盖0.5～1厘米厚的培养土。为保持培养土的温度和湿度,使出苗整齐,要在播种后盖一层薄膜,种子出土后再将塑料薄膜撤掉。

43. 苗床的加温措施有哪些?

苗床的加温包括苗床加温和覆盖加温两种,而苗床加温主要包括电热加温和使用酿热物加温。播种后将阳畦用玻璃框和塑料薄膜盖严,框周围用土围好、压实。塑料薄膜可以用泥巴封严,防止散热。夜间要盖草帘进行保温,防止热量散失,白天及时揭盖草帘,令足够的阳光进入苗床,保证苗床的温度。如果温度很低,也可在苗床内加几盏灯泡进行加温。辣椒出土后要降低温度,防止徒长。

44. 辣椒如何分苗? 分苗后的管理措施有哪些?

分苗主要是为了扩大苗株间的距离,使幼苗有足够的空间发展茎叶和根系,防止幼苗相互遮荫和床土营养不足。经过分苗的辣椒苗比未分苗的辣椒苗根系发达,生长健壮,节间密,开花、结果节位低,辣椒上市早。此外,分苗还有缓苗的作用。

(1)分苗的时间 分苗的最佳时间可根据辣椒的日历苗龄和生理苗龄确定。以 2 叶 1 心为佳,但一般采用 4~5 叶分苗,苗龄 40 天左右。分苗前一天,苗床浇一次水,以利于起苗。分苗宜选择在晴朗无风的日子进行,一般在上午 10 时至下午 15 时之间,此时气温高,根系活跃,易发新根,伤口易愈合,成活率高。

(2)分苗的方法 分苗前 3~4 小时幼苗要浇水,防止拔苗时过多地损伤根系。取苗时应握住幼苗的子叶,不可握胚茎,并小心保护子叶,防止损伤。苗取出后要立即移栽,防止受冻和日晒干旱的伤害。分苗一般采用暗水分苗法,按 8~10 厘米的行距开浅沟,深 4~5 厘米,将苗摆直,根舒展,分双苗,株距 8 厘米,乘墒稳苗,保持床面平整,做到下湿上干,表土疏松。如果不能马上栽,要把掘起的苗用湿布覆盖。栽植的密度以 10 厘米×10 厘米为宜,浇水后要及时覆盖薄膜,保持土壤和空气相对湿度。

(3)分苗后幼苗的管理

①缓苗期 分苗后,幼苗根系受到一定程度的损伤,为了促进根系恢复,应适当提高棚内温度和湿度,力求地温保持在 18℃~

20℃,气温白天保持在25℃~30℃,夜间在20℃左右,空气相对湿度在85%以上。为保持棚内的温度和湿度而采取的主要措施是加强覆盖,闷棚2~3天,基本不通风,当翻开土层老根上发现白色绒毛时,白天可揭开薄膜通风见光,但晚上仍要覆盖以防霜冻。揭膜应逐渐进行,不可突然全部揭开,也不可逆着风向揭膜。

②旺盛生长期　此期主要是为幼苗提供适宜的温度,充足的光照、水分和养分。为防止徒长,此期的温度可比缓苗期略低,一般气温可降低4℃~5℃,地温可降低2℃左右,即白天气温20℃~25℃,地温16℃~18℃;夜间气温15℃~16℃,地温13℃~14℃。冬春育苗湿度较高,晴天要加大通风量和延长通风时间,做到早揭膜、晚盖膜,阴雨天也要抓住停雨时候通风见光3~4小时。晴天的中午应适当施肥、浇水,浇水量不宜多,以湿透根系所在的层为宜。阴雨天床土不太干,一般不浇水。后期温度高,幼苗叶片大,蒸发量大,可加大浇水量,浇水宜在上午9~10时、下午4~5时进行,不能在中午高温时浇水。此期可结合浇水追肥2~3次,一般以施充分腐熟发酵的人、畜粪尿为好。充分腐熟发酵的人、畜粪尿应稀释10倍,使用前滤去渣。也可追施0.2%左右的氮磷钾复合肥,浓度不可过高,否则易烧苗。结合浇水施肥,还应进行2~3次中耕除草,发现土表板结,应及时松土。

45. 如何进行床土消毒?

(1)福尔马林消毒　福尔马林原液加水配成100倍液向床土喷洒,1克福尔马林原液配成的稀释液可处理4 000~5 000克土壤,喷洒药液后把床土搅拌均匀,在土堆上覆盖塑料薄膜闷2~3天,然后揭开薄膜,经7~14天,待土壤中药气散尽后再使用,可防止猝倒病和菌核病。

(2)代森铵消毒　用50%代森铵液剂加水200~400倍配成稀释液,每平方米床土浇稀释液2~4升。配制稀释液时加水的多少根据床土的干湿情况确定。此法可防止立枯病等土壤传播病害。

(3)五氯硝基苯消毒 用70％五氯硝基苯粉剂与50％福美双或65％代森锌可湿性粉剂等量混合。每平方米用混合的药剂8～9克与半干细土13～15千克拌匀，播种时作为垫土和盖土，可防治茄果类猝倒病和立枯病。

(4)高温消毒 夏季高温季节，在大棚或温室中，把床土平摊10厘米厚，关闭所有通风口，中午棚室内的温度可达60℃，这样保持7～10天，可以消灭床土中的部分病原菌。

(5)蒸汽消毒 有蒸汽来源的地方可以利用蒸汽来消毒。把土温提高到90℃～100℃处理30分钟，对猝倒病、立枯病、菌核病、病毒病的预防效果好。此外，还可以每平方米苗床（播种床或分苗床）用50％多菌灵或50％托布津5～7克，或乙磷铝锰锌、DT、多菌灵各10克，均匀拌入13～15千克培养土中，撒于苗床表面。

46. 僵苗和徒长苗如何防治？

僵苗是指秧苗生长受到过分抑制时，生长缓慢，秧苗偏低。为防止秧苗僵化，须给予秧苗适宜的温度和水分条件，促使秧苗正常生长，对于已僵化的秧苗，除了采取提高床温、适当浇水等措施外，还可喷0.001％～0.002％赤霉素溶液，每平方米用稀释的药液100克左右，喷后约7天开始见效，有显著刺激生长的作用。

秧苗徒长是育苗期间较常见的现象，其主要原因是光照不足和温度过高、湿度过大。防止秧苗徒长的措施是降低温度和湿度，如果发现有徒长苗，应适当控制浇水，降低温度。苗期可喷0.002％～0.005％矮壮素溶液，用药后10天左右就可观察到叶变浓绿、茎变粗壮，抗性增加，药液有效期约30天。

47. 如何进行无土育苗?

无土育苗指不用土壤而用通气性和吸水性良好的固体物质作基质,采用喷营养液的方法,满足秧苗对营养和水分要求的一种育苗方法。其优点是出苗整齐、根系发达、生长速度快,可以避免土壤传播病害的侵袭,秧苗所需的条件可人工控制或自动控制,有利于实现育苗机械化和工厂化。育苗所需容器可以采用育苗钵、育苗盘等。育苗的基质主要用于固定根系,支持秧苗生长,其主要的材料有沙、小砾石、珍珠岩、炉渣、炭化稻壳。营养液采用商品肥料配制,适合农村专业户及小面积育苗使用。其配制方法,一种是在1000升水中加入尿素400~600克,磷酸二氢钾450~900克,硫酸镁500克和硫酸钙700克,搅拌均匀;另一种方法是在1000升水中,加入复合肥1000克,硫酸钾200克,硫酸镁500克,过磷酸钙800克。播种使用的基质要进行消毒,播种前用清水湿润基质,不必浇营养液,以免溶液浓度过大影响幼苗出苗。播种后送入催芽室进行催芽。当大部分幼苗出来以后,移入温室架上进行培育,子叶展开后开始供应营养液,供液太晚会降低秧苗质量,每3~4天供液1次,每次供液量以全部基质湿润、底部稍有积液为宜。其他温度、湿度等管理同有土育苗。

48. 如何进行辣椒苗期管理?

(1)控制床温 出苗前苗床要维持较高的温度和湿度,幼苗出土后,降温的程度以不妨碍幼苗生长为宜,即白天床温可降至15℃~20℃,夜间5℃~10℃,直到露出真叶。当真叶露出后,应把床温提高至幼苗生长发育的适宜温度,白天为20℃~25℃,夜间为10℃~15℃,幼苗长出2~3片真叶时就要分苗。分苗前2~3天应当降低苗床的温度,一般以降低3℃~5℃为宜。温度要按照"晴天高,阴天低;白天高,夜间低;出苗前和分苗缓苗前高,出苗后和分苗缓苗后低"的原则进行管理。播种后立即盖膜盖草帘封床,尽量提高床内温度,促使迅速出苗。当白天气温大于要求温度时要开始通风,但切忌过快、过大、过猛。秧苗"跪腿"时要适当降低温度,在中午撒一层约0.3厘米厚的培养土,这样既可"脱帽",又可填补苗床土壤缝隙、保墒。

(2)加强光照 必须给予种子、植株充足的光照,以保证光合作用顺利进行。为了使苗床多照阳光,育苗设施应尽可能采用透光度高的覆盖物,要保持覆盖物清洁,玻璃和塑料薄膜要经常刷干净,注意通风,防止塑料膜上凝有水珠。在保温的前提下,对覆盖物尽量早揭晚盖,延长光照时间。在揭开覆盖物时,要防止冷风直接吹入苗床,造成幼苗受害。

(3)调节湿度 若床土湿度过高,可采用通风降湿和撒干土或草木灰吸湿的办法降低湿度,但通风降湿要兼顾保温,须考虑当时的天气状况,以幼苗不受冻害为宜。在潮湿的床土上撒一层干土,可起到吸收水分、降低湿度的效果,但土要细,且必须经过充分捣碎过筛,以干燥的堆肥为最好。对幼苗叶面进行干燥时,撒土后要用扫帚轻扫叶面,使细土下落,不污染叶面,每平方米床土撒0.5千克细干土。冬春季床土湿度过低,可适当浇水,应少量勤浇,浇水时间应选在晴天上午10~12时,忌傍晚浇水和阴雨天浇水,也忌浇水量过多,造成床土湿度过大。应在床土快要发白,翻开表土,床土结构松散,落地即散的地方浇水。一般温床较冷床易干,床中央以及靠走道的床缘易干,夏季育苗土壤易干,应经常浇水。浇水一般在上午9时以前下午5时以后。忌高温浇水,否则可能引起生理失调。

(4)中耕间苗 幼苗期间应注意松土,使床土的表层疏松,防止板结,减少水分蒸发,保持床土温度。松土时常用竹签把苗间的表土撬松或用铁钉、铅丝、小耙等把苗间的表土抓松。松土不可过深,避免损伤根系,结合中耕应扯掉杂草,删除过密的秧苗。辣椒第一次间苗以子叶平展期为宜,苗间距离以分苗前幼苗不会拥挤、争夺空间为宜。为防止苗期发生病害或形成高脚苗,应间苗2～3次。间掉的苗一般为受伤的、畸形的、顶壳的和瘦小的苗。

(5)适当追肥 苗床应以基肥为主,控制追肥。在床土不够肥沃、秧苗出现缺肥症状时,应及时追肥。追肥要选在晴天无风的上午10～12时进行,以施有机肥和复合肥为主。若用人、畜粪尿必须充分沤熟并滤渣,以10～12倍水稀释较好。复合肥可用含氮、磷、钾各10%的专用复合肥配制,喷施浓度为0.1%,切忌浓度过高。若选单一化肥,可按尿素40克,过磷酸钙65克,硫酸钾125克,加水100升,配成后喷施。

49. 壮苗的特点是什么?

从外部形态来看,壮苗的根为白色,主根粗壮,须根多,茎短粗。幼苗有10～12片真叶,从子叶部位到茎基部约2厘米,整个株高18～20厘米,子叶部位茎粗0.3～0.4厘米,有8～10片真叶展开,茎表绿色,有韧性。子叶保留绿色,叶片大而肥厚,颜色浓绿,叶柄长度适中,茎叶及根系无病虫害,无病斑,无伤痕。早熟品种可看到生长点部位分化的细小绿色花芽。

徒长苗的须根少,茎细长柔弱,子叶脱落早,叶片大而薄,颜色淡绿,叶柄较长;老化苗根系老化,新根少而短,颜色暗,茎细而硬,株矮节短,叶片小而厚,颜色深,暗绿,硬脆,无韧性。

50. 苗期阴雨雪天怎样管理?

辣椒苗期一般处于低温、寡照的季节,生长环境较差,如果遇到阴雨雪天时,更要注意加强管理。阴天或雪天,如果有弱光且能够揭开草帘,就要揭开草帘进行照光,以免秧苗因长时间见不到阳光而造成体内营养缺乏,叶色变淡,当阳光出来揭开草帘时将造成植株萎蔫枯死。阴雨雪天的中午要适当通风,进行气体交换,防止苗床内的有害气体积累过多而造成秧苗死亡。阴雨雪天要经常对温室进行巡视检查,当积雪过多或草帘过重时要及时进行清理,以免苗床被雪或雨水压塌而造成更大的损失。

51. 如何进行炼苗?

为使幼苗适应定植地的环境,在定植前 2 周随着外界温度升高,秧苗的生长开始加快,应加大通风量和延长通风时间,白天甚至可以全部揭开薄膜,晚上为防霜冻,仍需将塑料薄膜或盖窗盖上。定植前 1 周开始进行炼苗。定植前 5~7 天要昼夜将塑料薄膜或盖窗揭开,白天气温可逐渐降到 20℃,夜间气温降到 10℃,让秧苗长时间与外界环境接触,以适应露地的生态环境。

52. 定植前如何浇水?

以定植前 1 天,在苗床叶面上喷洒多菌灵、高效氯氰菊酯乳油防病灭虫,移栽前浇足苗床水保持土坨不散,或起苗后用多菌灵 500 倍液蘸根消毒。

五、露地栽培与辣椒的商品性

53. 露地栽培的主要茬口是什么？

北方露地辣椒栽培一般采用 1 年 1 茬的栽培方式，一般在 2 月中下旬至 3 月中下旬播种，4 月中下旬至 5 月中下旬定植，6 月中下旬至 7 月中下旬开始采收，10 月份结束。

54. 种植辣椒对土壤的要求是什么？

辣椒对土壤的要求并不严格，各类土壤都可以种植。辣椒对土壤的酸碱性反应敏感，在中性或微酸性（pH 6.2～ 7.2）的土壤上生长良好。制种辣椒授粉结实后，对肥水要求较高，最好选择保水且肥力水平较高的壤土。一般沙性土壤容易发苗，前期苗生长较快，坐果好，但容易衰老，后期果小，如肥水供应不上，制种产量低。黏性土壤前期发苗较慢，但生长比较稳定，后期土壤保水保肥能力强，植株生长旺盛，有利于制种高产，缺点是不利于前期精耕细作，比较费时费工。辣椒要选 3～5 年内没有种过茄科其他作物的地块种植，前茬最好是白菜、越冬种菠菜、大葱、秋黄瓜等。

55. 辣椒露地栽培应如何进行整地？

整地的目的是通过机械作用创造良好的土壤状态和适宜的耕层结构。定植前的耕作分春耕和秋耕两种。我国北方地区为加厚土层，增加土壤蓄水性、抗旱性和抗涝能力，消灭病虫草害，一般要在土壤结冻之前进行秋耕，秋耕的深度为 25～30 厘米。在长年种植蔬菜的地区，秋季蔬菜收获结束后，要及时清除残株、落叶和落果，同时结合秋耕用基肥。第二年定植前 1 个月进行第二次深翻

(20 厘米),结合深翻整地,每 667 平方米施腐熟有机肥 5 000～
10 000千克,磷酸二铵 40 千克,硫酸钾 50 千克。第一次深翻时施
有机肥 60%,第二次深翻施 40%,化肥在第二次翻地时施入。

辣椒栽培采用地膜覆盖,一般做成小高畦,畦宽 1.1～1.2 米,
畦高 10～15 厘米,双行定植。

56. 栽培辣椒如何施用基肥?

合理施用基肥是实现辣椒优质高产的关键。结合春耕和秋耕
大量施用腐熟圈肥、堆肥和塘泥,可以改良我国北部及西北地区偏
碱的土壤结构,从而提高土壤蓄水保肥的能力。基肥是为辣椒生
长整个过程打基础的,所以,应以长效的农家肥为主,以化肥为辅,
但这些农家肥必须经过充分的堆置腐熟,否则易伤根。施肥量应
根据土壤情况灵活掌握,老菜田每年施用 5 000 千克左右,新菜田
施13 000 千克左右。

57. 如何进行辣椒地膜覆盖栽培?

目前辣椒均采用地膜覆盖栽培。做宽 50～70 厘米,高 10～
12 厘米,两边成缓坡状的圆头高畦,间距 30～50 厘米。若雨水
多,土地湿时,畦可做高些;反之,畦可低些。做畦时,要精心平整,
使地平土细。畦做好后,要立即覆盖地膜以防止水分散失,地膜的
一端埋入地下,两边埋入土中封严,膜要拉紧,边要封严。为防止
风将薄膜吹起,要隔一段距离在膜上加一锹土以压实薄膜。

58. 栽培辣椒如何选择地膜?

随着农业生产发展的需要,地膜的种类越来越多,主要有:无
色透明塑料地膜、无滴塑料地膜、黑色塑料地膜、双色塑料地膜、银
灰反光膜、铝箔膜、带孔膜、超细微孔全反光膜、有色膜、转光膜、除
草膜、保温膜、出芽膜、降解塑料地膜等。

(1)无色透明塑料地膜 也称普通塑料地膜,其透光性好,但膜内会形成雾滴,降低透光性。

(2)无滴塑料地膜 无滴塑料地膜是在制造普通塑料地膜的过程中添加防雾滴剂而制成的一种塑料地膜。覆盖塑料地膜后,水汽在膜内不形成雾滴,而在膜内表面形成均匀透明的水膜,从而保持膜的透明性,也避免了因膜内水汽的凝结产生光折射而灼伤农作物。

(3)黑色塑料地膜 黑色塑料地膜是在聚乙烯中添加 2%~3%的炭黑色或黑色母料制得的一种地膜。黑色塑料地膜不透光,可抑制杂草的生长,它覆盖的土壤在阳光照射下尽管吸收的阳光热量更多,但土壤温度的升高程度却不及透明或白色塑料地膜,通常黑色塑料地膜只能提高地温 2℃~3℃。黑色地膜适用于白菜、莴苣、蘑菇、茶叶、烟草等农作物的栽培。

(4)双色塑料地膜 双色常为黑、白两色,这种塑料地膜通常白色膜在上,黑色膜在下,白色膜可将 50%的光线反射出去,降低地温。该地膜适用于番茄、草莓、柿子椒等的栽培。另一种黑、白双色相间的塑料地膜是在 1 米宽的黑色膜中夹有两条 25 厘米宽的透明条纹膜,这两条透明条纹膜有利于升温,促进植物生长,而两边的黑色膜部分又起到遮光、抑制杂草生长的作用。该地膜适用于苗带。

(5)银灰反光膜 该膜具有较强的反射作用,使蚜虫不敢飞来,故也叫驱蚜膜,它能提高地温,减少病虫危害,并可促进果实着色。

(6)有色膜 不同颜色的地膜对光的折射和反射程度不同,对提高不同作物的生长程度也不同。如蓝色地膜覆盖水稻苗,成秧率比无色膜高 4.2%;番茄、黄瓜覆盖红色地膜,成熟期可提前 1 个月。

(7)转光膜 转光膜是利用光学原理将光转换成对作物光合

作用有利的光的塑料地膜。

(8)除草膜 将涂有除草醚、希草酚、朴草净等的一面贴在地面,药物随水渗出,能起除草作用。除草膜有黑色和透明两种。需要注意的是,除草膜可用于花生、甜椒、番茄的栽培,不能用于烟草、黄瓜的栽培。炎热天也不能用。

(9)降解塑料地膜 也有人称之为自毁膜,是一类经日光、热、水、虫类或风、雨等作用能自行分解为无害物质的塑料地膜,可减少对环境的污染。

59. 地膜覆盖的优点主要有哪些?

地膜覆盖是使各种蔬菜增产效果最好的一种技术措施,辣椒采用地膜覆盖栽培,可以提早上市 7～15 天,前期产量可增加 30%～40%,总产量可增加 30%以上。采用地膜覆盖有以下的优点:

(1)能提高温度 露地地膜覆盖,可起到防寒保温,提高地温的作用,如华北地区,早春覆盖的耕层地温比露地提高 2℃～4℃。高畦比平畦覆盖增温效果更好。

(2)可保持土壤湿润 覆盖地膜可以防止水分蒸发,保持土壤湿润,使土壤含水量比较稳定,土壤湿度经常保持在辣椒所要求的适宜范围内。覆盖地膜不仅可以减少浇水次数,而且因为地膜覆盖都是采用高垄形式,所以浇水前后的水量变化也不明显,水分可以缓慢地横向渗入栽培垄。

(3)可使土壤疏松 地膜覆盖栽培,一次覆膜整个生长期使用,可以减少农事操作。高垄栽培,沟中浇水,水分横向渗入耕层,栽培垄不会发生板结现象。

(4)可改善土壤营养条件 覆盖地膜可防止土壤由于风吹日晒损耗养分,减少养分随水流失,为土壤微生物的发育创造良好的条件,加速土壤有机质的分解,增加土壤中速效氮的含量。地膜的遮雨作用可避免土壤养分被淋溶,有利于根系吸收。地膜覆盖还增加了膜下二氧化碳的含量,有利于根系吸收。

(5)可抑制杂草生长　由于薄膜紧贴地面,土表温度最高可达50℃以上,杂草种子萌动后,就会被高温杀死。注意畦面须封闭严密。

(6)可减少病虫危害　地膜覆盖可以降低湿度,减少病菌繁殖,限制病虫害的发生发展,使植株更加强壮。

(7)一定的反光作用　能增强植株中、下部光照强度,以距地表 30 厘米为最佳。

60. 如何确定辣椒定植期?

辣椒的定植期因气候不同而异,原则是当地晚霜过后及早定植。但 10 厘米深处土壤温度应稳定在 15℃左右,这样可使辣椒在高温干旱季节到来之前充分生长发育,为开花打下基础。露地4 月中旬后定植为宜,较冷凉的地方要在 5 月中下旬定植。

61. 定植辣椒时对天气的要求是什么?

定植辣椒要选在晴天进行,晴天土温高,有利于根系的生长。栽苗后出现暂时的萎蔫现象,属于植物的正常反应。栽苗前应注意天气预报,不要有风和雨。由于此时根系的供水系统尚未建立起来,如果有风,会造成辣椒叶子风干,因此要选在无风的日子抓紧时间定植,减少危害。阴雨天定植时土壤的黏度大,不便于人们操作,地膜也可能会被弄破、撕裂,且阴雨天缓苗慢,不发苗,因此要赶在雨前栽好苗,雨后晴天缓苗。

62. 如何进行辣椒定植?

辣椒定植前先确定栽植的株距。在铺好的每条膜上栽两行,栽植的深度以子叶节处为宜,不宜深栽。栽时用铲子将膜十字划开,栽入苗,在周围盖土、轻压,使根系和土壤接触,不可太松或太紧。苗的周围要培一个高出畦面的小土堆,防止风从定植孔处吹坏薄膜,减少土壤水分的散失,也可防止热气散发出时对幼苗造成伤害。定植时,再次对幼苗进行选择,剔除散坨苗、病苗、弱苗。定植后立即浇定植水,以浸润苗坨为宜。

63. 如何确定辣椒定植密度? 定植水如何浇?

适当密植有利于提高早期产量,并能有效防止中后期高温日灼及病虫害。一般每 667 平方米栽 4 000 穴(双苗)为宜,株距 28～30 厘米,行距 55～60 厘米。同时定植密度与品种也有关,株型较紧凑的中、早熟品种,其开展度小,定植密度应适当加大。一些大型晚熟品种,特别是一代杂种,其生长期长,植株生长势强,开展度大,定植密度应适当缩小。进行辣椒越夏栽培的地区,采收期长,为避免发生病害和拥挤现象,应适当降低密度;非越夏栽培的地区,采收期为 40～45 天,密度应适当加大。定植后立即浇定植水,定植水要浇透,5～7 天后再浇 1 次,之后进行中耕蹲苗。浇缓苗水后,应及时在垄沟内进行中耕,中耕可以疏松土壤,促进根系温度升高和空气流通,保证根系处于良好的生长环境中。中耕还可以进行除草,防止杂草蔓延,影响辣椒生长。

64. 地膜覆盖栽培辣椒的田间管理应注意什么?

采用地膜覆盖栽培辣椒可以显著提高辣椒的产量,但要注意以下事项:①应选择 0.007 毫米厚、90～100 厘米宽的超薄聚乙烯地膜,每 667 平方米的用量约 4 千克。②一定要在翻耕、施肥、灌水、耙地、起垄、镇压等措施完成,土壤达到水分充足、结构疏松、通透性良好、营养丰富的条件后,才进行整地铺膜。如果整地不好,覆盖薄膜后也不会发挥良好的效果,甚至会造成减产。③定植后要将定植孔周围的地膜封严,防止地膜下的热气通过地膜孔散失而损伤幼苗。地膜要经常检查,对破膜要及时压土盖严,防止风将薄膜撕裂。④灌水要掌握轻浇、勤浇的原则,保持土壤和空气湿润。⑤地膜覆盖的辣椒由于不能培土,根系较浅,容易倒伏,要及时搭架防止倒伏。

65. 辣椒缓苗期和蹲苗期如何管理?

缓苗期以营养生长为主,幼苗根系弱,管理重点是促进幼苗生长。定植水不宜过大。1 周后再浇第二次水,并在垄沟内进行中耕,以提高地温。浇第二次水后进入蹲苗期,即通过适当控制水分,促进根系纵深发展,提高根冠比。蹲苗期的长短应根据辣椒品种和当地气候条件确定。早熟品种蹲苗要轻,蹲苗时间要短;中、晚熟品种蹲苗稍微重一些,时间相对延长一些。辣椒的坐果率与空气湿度有关,空气湿度较高时,坐果率也高。因此,蹲苗时间不宜过长,当第一个果达到 2~3 厘米时结束蹲苗。

66. 辣椒结果前期如何管理?

当第一果长到 2~3 厘米时,植株进入旺盛生长期,这是栽培上由促进辣椒根系发育转向促进开花结果的转折点。此时应及时浇水,同时每 667 平方米施尿素 15 千克,在此期的管理过程中,浇水、施肥要跟上,一般每两周浇 1 次水,随水施肥,每次可施硫酸铵10 千克,浇水采取少量多次的方法。植株下部的果实尤其是门椒要及时采收,采收可适当提前。大雨后,及时排除田间积水。雨后天晴,要及早喷药,防止病害的流行。

67. 辣椒盛果期如何管理?

辣椒盛果期对各种养分的需求增多,此时的浇水不仅要满足辣椒对水分的要求,还要起到降低土壤温度的作用。浇水要勤,每4~5 天浇 1 次,水量要小,以免影响土壤的通气性,辣椒根系怕涝,忌积水。辣椒生长盛期正是高温多雨季节,土壤营养淋湿现象严重,要进行追肥,一般随水施用,隔 1 次水追施 1 次肥,7 月上中旬要施 1 次化肥,每 667 平方米可施硫酸铵 25 千克。大雨过后,要及时浇清水冲洗土壤,降低土温,提高土壤通气性,以促进根系呼吸。同时,要在植株基部培土,培土不可过高,以 13 厘米左右为宜。培土时要防止伤根。培土后及时浇水,争取高温到来前植株封垄。高温季节到来前,可在畦面撒盖一层稻草或麦壳以降低温度。当植株封垄时,要用铁丝或聚丙烯绳在每一行的两侧拉直,把倾倒或开张度过大的枝条架起,使之呈环状开张,以充分接受光照,改善株间通风条件,扩大立体结果数量。

68. 辣椒结果后期如何管理?

露地覆盖地膜帮辣椒度过炎热的夏季后,辣椒植株逐渐繁茂起来,开花增多,坐果率显著提高,采收后期是辣椒形成第二次产量高峰的时期。此期需要每隔 7~8 天浇 1 次水,并随水施入 2~3 次肥。每 667 平方米追肥 20 千克磷酸二铵或 500 千克腐熟的人粪肥,每次追肥 3~4 天后要浇 1 次清水。进入采收后期,要及时摘除辣椒下部的枯黄叶片,去掉内层的徒长枝或过旺枝,以利于通风透光。此时田间操作要小心,不要碰断果枝。另外,对结果枝进行更新,降低结果部位,即在四母斗椒的下端缩剪侧枝,每株留四个分权,剪后追肥浇水,促发新枝。

69. 如何进行辣椒整枝?

植株调整是指人为地进行摘心、打权、摘叶、疏花、疏果等措施来调整植株的生长发育。在高畦双行、双株栽培条件下,一般采用四条主枝整枝法,即第三层果实处发生的两条分枝,当其中一条弱枝显蕾后,留下花蕾和节上的叶,掐去刚发生的两条分枝;另一条强枝出现第四层花蕾和分枝时,在第一节处掐去弱枝,留强枝和花蕾,以后每新出现一层花蕾和分枝后,都在第一节处掐去弱枝。这样能使坐果数比放任生长增加 18.7%,而且单果重也增加16.5%,产量提高 38.7%。

拉秧前 10～15 天将植株摘心,打掉所有枝杈的顶部,以除去顶端优势,使顶部的小果实迅速长大,达到商品采收标准。植株调整特别是摘心,不宜过早进行,以免影响产量。打杈时间宜尽早,并选择在晴天进行,以利于伤口愈合。

70. 如何进行雨季辣椒田间管理?

7～8 月份,气温高、湿度大,对甜辣椒的生长发育十分不利,常导致植株营养失调、生长迟缓、叶片黄化脱落、落花落果(即休伏现象),病害易发生、流行,致使辣椒减产甚至绝收,产品品质降低。秋后产量虽只占总产量的 30%～40%,但由于 8～9 月是鲜椒供应淡季,售价高,销得快,经济效益较高。如果加强此期的栽培管理,改善土壤状况,提高土壤中养分含量,增强植株抗性,可缓解休伏的程度,使甜辣椒正常生长发育。应抓好以下几项工作:

第一,施肥雨季到来前,要重施一次化肥,每 667 平方米施用硫酸二铵 25～30 千克或尿素 15～20 千克,以防止雨季脱肥。也可在每次大雨后每 667 平方米追施尿素 5 千克。追肥时化肥要均匀撒在地面上,切忌撒在叶片上,以防肥害。

第二,浇水宜选清晨进行,此时地温、气温和水温都较低,不易对植株产生伤害,严禁中午前后浇水。天气闷热,降雨后应实行涝浇园,即雨停后马上用井水浅浇、快浇,并随浇随排,防止伤根和闷热导致叶片脱落。如连阴雨后暴晴数日,应隔日连浇 2 次小水,以便降低地温,保根防病。浇水要注意看天,久旱不雨时要及时浇水,力争避开降雨,以防根系窒息和诱发病害。

第三,排涝降雨后,要及时排水,以免田间形成积水,做到雨停水尽,整地时应做成小高垄或高畦地膜覆盖,以利于排灌。如湿度过大,要及时划锄,增加土壤的通透性,防止积水、土壤缺氧,导致叶片发黄、落叶、沤根和病害流行。

第四,中耕锄草。雨季宜浅锄或人工拔草,以防止损伤辣椒根系,影响吸收能力,造成病害感染。

第五,根外追肥。可多次叶面喷施 0.2%磷酸二氢钾、0.1%尿素和 0.2%硫酸锌混合液,不仅能补充营养,还可降低植株体温,加速光合作用,促进坐果。

第六,遭遇冰雹后,应及时摘除受伤枝叶、果实,以减少养分消耗,促使抽生新枝,并及时喷药、追肥浇水。

第七,防治病虫害。高温雨季,土壤和空气湿度大,易导致病害流行。由真菌引起的病害有疫病、炭疽病,防治疫病的关键是防涝。当田间发现病株时,要及时喷洒安克-锰锌、甲霜灵锰锌、氢氧化铜、噁霜·锰锌、甲霜灵等药剂。由细菌引起的病害有疮痂病、青枯病、软腐病,一般采用农用链霉素或新植霉素或氢氧化铜或DT 杀菌剂进行喷雾防治。防治病毒病的关键是防治好蚜虫,当田间出现病株时,选用吗胍·乙酸铜喷洒,并结合喷施适量的叶面肥。

以根部发病为主的疫病和青枯病,喷药时重点喷洒植株根茎部,严重时可灌根。病害防治应以预防为主,在降雨前须喷药预防,发病初期及时喷药防治,上述药剂一般每隔 7～10 天喷 1 次,连喷 2～3 次。

第八,及时防治烟青虫、棉铃虫、蚜虫、红蜘蛛、茶黄螨等害虫。烟青虫、棉铃虫宜选用绿功夫、氟啶脲、阿维菌素等药剂轮换交替施用,每隔 7～10 天喷一次,连喷 2～3 遍。防治蚜虫,选用吡虫啉类农药。防治红蜘蛛、茶黄螨选用阿维菌素、扫螨净等。

71. 如何进行辣椒间作套种?

辣椒间套作时应选用具有生物化学互助促进、彼此保护,地上部器官和根系分泌物能促进间套作生物发育的作物。品种的选择要考虑其株形和叶形,同时根据共生期生态环境的需要,考虑品种的属性。考虑合理的套种配比结构原则。确定适宜共生期的原则,一是要错开套种作物的生育高峰;二是在最大保护作用时期套种;三是尽可能在田间管理协调一致的情况下套种;四是将共生期不利生长影响的时间减少到最少。

(1)小麦、辣椒、玉米间套作 以辣椒、玉米为主产作物,2米一带,3行麦,留1.6米空当;冬季空当套栽翌年4月份可收获的蔬菜,然后定植6行辣椒,行距26厘米,株距20厘米,麦收后,挖沟培垄,沟两侧点2行玉米,株距26～33厘米,每667平方米栽2 000株。

(2)辣椒、玉米间套作 以辣椒为主,辣椒与玉米比例一般为6～9：1,即肥沃地6行辣椒1行玉米,中等地力7行辣椒1行玉米,薄地8～9行椒1行玉米。辣椒按常规方式栽植,玉米可采取株距40厘米,单穴双株,也可采取株距26厘米定植。此栽培形式辣椒不少收,每667平方米还可产100～150千克玉米。同时,由于此栽培形式玉米为辣椒遮阳,可减轻日灼病,提高商品率。

(3)辣椒、芝麻间套作 以辣椒为主,1.65米为一带,4行辣椒,1行芝麻。辣椒移栽按常规,芝麻株距23厘米,每667平方米可定植芝麻1 700株。

(4)辣椒、花生间套作 以辣椒为主,2米为一带,4行辣椒,1行花生。辣椒移栽按常规定植,花生株距20厘米,每667平方米可栽1 667株。

(5)春红薯、辣椒间作 以春红薯为主,春红薯可采用1.33～1.5米为一埂,移栽时间、密度按常规进行,埂中间栽1行辣椒,辣椒株距16.7厘米。每667平方米可栽辣椒2 000株左右。此方式也适合辣椒与甜瓜间作。

(6)辣椒、大蒜套作 辣椒与大蒜并重,1行辣椒1行蒜。9月上旬当辣椒收一茬后在两行辣椒中间套1行大蒜。辣椒行距26厘米,株距23厘米。大蒜行距26厘米,株距10厘米。辣椒密度8 000株,大蒜20 000株。

(7)辣椒、洋葱套作 辣椒与洋葱并重。12月上旬冬闲地移栽洋葱,洋葱行距30厘米,株距17厘米,每667平方米定植13 300株;4月中旬移栽辣椒,辣椒行距30厘米,株距26厘米。

(8)辣椒、西瓜间作 西瓜2米1行,移栽时间与密度按常规进行。西瓜行间套种2行辣椒,2行行距33厘米,株距16.7～26.6厘米,每667平方米可定植辣椒2 000株左右。

(9)幼树经济林、辣椒间作 幼龄苹果、梨、桑、葡萄等均可与辣椒套种,根据树龄和遮荫程度,酌情套种辣椒。辣椒的株行距同常规。

72. 如何采收辣椒?

辣椒及半辣型辣椒一般食用青果。开花后25～30天果实充分长大,绿色变深,质脆而有光泽时即可采收。辣椒是陆续开花结果的,需要分期分批采收,下层的果实要及早采收,以免缀秧,影响上层果实的发育及产量的形成。干制辣椒要待果实完全红熟后再采收,采收时间最好选择在上午。辣椒装筐运输,最忌在雨天进行,更不能在采收后立即包装,这样易腐烂。

六、日光温室栽培与辣椒的商品性

73. 如何安排日光温室辣椒栽培的茬口？

日光温室辣椒栽培一般分三茬进行生产，即秋冬茬、冬茬和冬春茬。

秋冬茬主要是指深秋到春季供应市场的栽培茬口，主要供应元旦市场，7月上旬播种育苗，苗龄60～70天，9月上中旬定植，10月中旬开始采收。有些地区管理水平较高，冬春茬辣椒可越夏栽培，立秋前剪枝更新，转入秋冬茬生产。老株更新必须保证植株健康，无病虫害，根系未受损伤，剪枝后可较好地萌发新枝。冬茬辣椒是温室栽培的主要茬口，也是经济效益高，栽培难度大的茬口。一般在8月末至9月初播种育苗，苗龄70～80天，11月上中旬定植，翌年1月上旬收获。冬春茬一般11月下旬播种育苗，翌年1月下旬定植，3月中旬开始收获，此时植株生育正常，易受病虫危害，管理好可越夏栽培。

74. 如何选择日光温室辣椒品种？

日光温室种植应考虑商品流向和品种对日光温室的适应性，如有的地区市场欢迎长形尖椒，有的则需要圆椒。尖椒品种有晋椒303、良椒2313、湘研1号、湘研3号、早杂2号、汴选7号、沈椒3号、苏椒1号、苏椒3号、羊角椒、保加利亚尖椒等。圆椒品种有洛椒3号、早丰1号、苏椒5号、牟椒1号、中椒2号、辽椒3号、津椒3号、甜杂1号、海花3号、茄门甜椒、农大40、双丰甜椒等。

75. 日光温室内的土壤如何处理？

由于日光温室内土壤带菌多，因此日光温室种植辣椒主要考虑的是如何处理日光温室内的土壤。土壤处理的目的是为了防治苗期病害、根病、地下害虫和土壤线虫等，多在播前进行。土表处理是用喷雾、喷粉、撒布毒土和颗粒剂等方法将药剂全面施于土壤表层，再翻耙到土壤中的一种处理方法；而深层施药是直接将药剂施于较深土层的一种处理方法，克线丹、棉隆、二氯异丙醚等杀线虫剂可用穴施或沟施法对土壤进行处理。另外，在生长期中有些药剂也可用撒施法和泼浇法施药。撒施法是将颗粒剂或毒土直接撒布在植株根部周围的一种处理方法，毒土是用药剂与具有一定湿度的细土按一定配比混匀制成的。泼浇法是将药剂用水稀释后泼浇于植株基部的一种处理方法。在定植前 15～20 天，在棚室上覆盖薄膜，提高棚内温度，于定植前 5～7 天，每 667 平方米棚室用 45％百菌清烟雾剂和 10％腐霉利烟雾剂各 0.5 千克进行燃放熏蒸，以达到室内消毒的目的。

日光温室土壤消毒还可以用太阳能消毒的方法进行。每年将旧的废薄膜收好备用，利用七八月太阳直射时间长、温度高进行土壤消毒。其具体方法为：每 667 平方米施入碎稻草 1 000～2 000 千克、生石灰 30～60 千克（pH 为 6.5 以下，如 pH 为 6.5 以上用等量的硫酸铵），深耕后整地做宽 60～70 厘米、高 30 厘米的小畦，以增加地表面积使地温升高快。畦面盖上旧薄膜，沟内灌满水使畦面湿透为止，将温室大棚顶膜盖严密封 7 天以上（如天气晴好时为 7 天，如阴雨天时间要延长）。采用该方法地表温度可达 80℃以上，一般的病菌都能杀死。

日光温室内的土壤因在完全覆盖的条件下进行生产，大量施用肥料后，只靠人工灌溉而没有雨水淋洗，很容易积累盐分，尤其是在大量施用速效氮肥时，这种现象更为严重。土壤浓度高时，土壤的渗透压增大,辣椒吸水困难,引起辣椒缺水,严重时会引起反渗,植株萎蔫。土壤的浓度过高,还会造成土壤元素之间相互干扰,使某些元素的吸收受阻。因此,在夏季温室闲置季节,要除去前屋面的薄膜,让雨水淋洗土壤,或用清水冲洗。再次定植前要深翻土壤,通过多施有机肥的方法,减少化肥的施用量。

76. 日光温室有哪些增温措施?

日光温室的增温措施很多,主要包括以下方面:在室外设置稻草或草帘子等进行防寒,特别是温室的前底脚;在室内设天幕,采用多层覆盖,在大棚内加设两层膜,即在大棚下面拉上铁丝,铁丝上搭上薄膜;扣小拱棚,对于育苗阶段或刚定植的辣椒扣地膜小拱棚,晚上还可以利用纸被、旧衣物覆盖加强保温;采用地膜覆盖,裸露的地面覆盖稻草,减少地面水分蒸发降低地温;控制浇水,且水温不能太低;在后墙挂镀铝聚酯反光幕或用白石灰泥抹墙,或将建材涂白增加棚内反射光;采取临时加温措施,如生煤炉,点天然气罐,甚至大量点燃蜡烛;加温设备改用散热条件较好、较长的管道,以提高热能利用率;施用有机肥,利用酿热物增温,用马粪、米糠、树叶、稻草等酿热物中的微生物分解生温,提高地热;适时揭盖草帘,采光保温,草帘要早揭晚盖,使白天温度保持在 25℃～32℃,夜间保持在 12℃～15℃;只要不下雨,即使是阴天,白天也要全部揭去草帘,尽量增加光照,但久阴暴晴,草帘不可全揭,而应隔苦揭盖,以避免光照过强使蔬菜中的水分蒸发过大而萎蔫、枯死;在大棚周围增设防寒沟,沟深、宽各为50～60厘米,内填麦麸、木屑、柴草、稻草、煤渣等并踏实,盖上塑料薄膜或地膜,然后覆土,可有效地阻止棚内地温散失;设电热温床,在大棚内设置电热温床,可以使土壤保持一定温度;适当放风调节棚内湿度,因为湿度越大温度越低,故应尽量少浇水或基本不浇水,浇水后及时进行通风换气,以降湿增温;增加棚室透光率,特别注意清洁棚膜,以增加棚膜的透光量;在进门处设置棉门帘,进出温室要及时关闭门窗。

77. 冬春茬辣椒如何进行整地?

冬春茬辣椒的定植期正植初冬季节,日照短,时间紧迫,应抓紧时间做好腾地后的清理工作。先深耕散墒,然后每 667 平方米撒施腐熟有机肥 5 000 千克,深翻 40 厘米后细耙,使肥料和土壤充分混合。辣椒应采用高垄栽培,做高垄后要在两垄间留出浅沟,以便进行膜下浇水。

78. 如何确定温室辣椒的播种期?

北方地区由于受低温季节土壤温度不足的限制和南菜北运的影响,冬春茬辣椒栽培较少,而多为早春茬栽培。一般在 10 月下旬至 12 月上旬播种,苗龄 80~100 天,翌年 2 月中下旬定植,3 月中旬以后开始收获。如果进行冬春茬辣椒种植,应在 7 月中旬至8 月上旬播种育苗。

79. 如何确定棚室辣椒的定植期?

在棚室内最低气温稳定在 10℃ 以上,10 厘米深地温稳定在15℃ 以上时可以定植。定植要选寒尾暖头的晴天上午进行。一般温室在 2 月上中旬,大棚在 3 月上中旬定植。

80. 辣椒植株调整的方法是什么?

为使辣椒生长期长,产量高,则需对植株进行整枝。每株按3~4 杈整枝,从对椒开始,保留 3~4 杈,以后每杈上长出的两小杈中留长势较强的一杈。枝杈可用尼龙绳吊起,每株用吊绳 3~4条,其中 1 条吊在正对绳下方植株的一个杈子上,另外 2~3 条吊在相邻植株的各一个枝条上,如此循环吊枝,使吊绳交叉成网,这样植株才不易倒伏。每株的 3 条主枝,任其生长,长到一定高度时摘心,主枝下的侧枝萌发后,比较粗壮的可坐果,当果实坐住后,在果实上部留两片叶,摘心。

81. 栽培辣椒如何进行施肥?

辣椒的施肥要科学合理地进行。在低温寡照的条件下,吸肥量和施肥量不完全一致,因此,氮素的施肥量应是吸收量的 1～2 倍,钾肥是 1～1.5 倍,磷肥是 2～6 倍。温度高,有机物分解快,可多施肥;温度低,有机物分解慢,要少施肥。如果土壤溶液的浓度过高,就会伤害辣椒的根系。

基肥量应占总施肥量的 60%,基肥中磷应当占总用磷量的 70%,钾肥应占总用量的 50%。同时,基肥中还应加入少量的硫酸镁,以解决土壤中缺钾、缺镁而造成的辣椒落叶问题。

基肥要用有机堆肥,堆肥以圈羊粪和鸡粪混合配制,在秋季充分腐熟。禁止未腐熟的鸡粪施入土壤,造成温室内的氨气含量升高而产生氨气危害。基肥要提早施用,不可过量施用和集中施用,以免土壤肥料浓度过大而伤害辣椒根系。施用基肥要堆肥和化肥混合使用,施到深层的土壤中,让其缓慢释放。保护地辣椒以施基肥为主,少施、勤施追肥效果好。

82. 如何进行辣椒根外追肥?

辣椒叶面也可吸收营养物质,养分从叶片的角质层和气孔进入细胞,在体内进行同化和运转。进行叶面追肥,可以补充土壤施肥的不足与元素的欠缺,这种施肥的方式叫作根外追肥。

较常使用的叶面追肥是向叶面上喷洒含肥料的水溶液,也可加入农药同时进行病虫害防治。根外追肥最好在露水未干的早晨或夜间蒸发量较少的时候进行,不宜在阳光充足的中午或刮风天进行,防止含肥料的水溶液快速干燥,影响吸收,也不宜在雨中或雨前进行喷施,以免肥料被雨水冲刷。适合作叶面喷施的化肥有尿素、磷酸二氢钾、硫酸钾、硫酸铵、过磷酸钙以及一些微量元素肥。喷施要在叶面和叶背同时进行。叶面追肥是对根系吸收肥料的一个补充，在根系遇淹或受害时，是补充植株营养的一条有效途径。叶片吸收营养直接，不用经过较多的传输，可提高肥料的利用率，延长叶片功能。还可以与农药一起施用，提高了工作效率，降低了成本。

83. 怎样施用二氧化碳气肥？

硫酸-碳铵法是目前日光温室增施二氧化碳的主要方式之一，其原料来源广泛，成本较低，方法简便。硫酸-碳铵法所用原料为硫酸（密度为 1.84 克/厘米^3）和碳酸氢铵化肥，反应后可生成二氧化碳和硫酸铵肥料，不产生对作物有害的物质。一般每 667 平方米的温室，每天用碳酸氢铵 3～4 千克，硫酸 2.0～2.5 千克（注意为防止反应时泡沫四溅，可预先将硫酸与水按 1∶3 的比例稀释，稀释时将硫酸缓缓加到水中，并不断搅拌）。这样可使温室内二氧化碳浓度约达 1000 微升/升。其计算公式为：

每日用碳酸氢铵量（克）＝设施内体积（米^3）×所需二氧化碳浓度×0.0036

每日用硫酸量（克）＝每日需要碳酸氢铵量（克）×0.62

二氧化碳比空气重，扩散缓慢，应多设施放点才能使二氧化碳浓度均匀，每个施放点控制面积以 20 米^2 左右为宜，每 667 平方米设置 30～40 个施放点。施放点可挖 30 厘米见方小坑，也可用塑料桶挂至距地面 0.5 米的高度作为施放点，有利于二氧化碳扩散均匀和被植物吸收利用。施用时在桶内或地面的小坑内，一次加入稀释过的硫酸的 3 日量（0.7～1.0 千克），每天揭苦后将碳酸氢铵日用量分别加入到各个坑（桶）内，每个坑（桶）内加入 100 克左右，使硫酸和碳酸氢铵反应生成二氧化碳。

为了简化二氧化碳施肥的操作方法，目前生产上推广应用了简易塑料桶二氧化碳发生装置,其主要结构有贮酸罐、反应罐、二氧化碳净化吸收桶与输气导管等部分,通过控制硫酸供给量有效控制二氧化碳生成量。该装置市面已有销售。

(1) 二氧化碳施肥时间与时期 日出后 30 分钟,设施内二氧化碳浓度逐渐下降,当温度达到 15℃时,开始施入二氧化碳最为合适。其做法是:在施放二氧化碳以前,先揭开密闭棚、室的通风口小通风,以降低棚、室内的温度。日出后关闭通风口,让棚、室升温,过半小时后再施用二氧化碳。二氧化碳在辣椒生育初期即可施用,如果育苗阶段增施二氧化碳,对缩短苗龄、促进花芽分化、培育壮苗作用明显;果菜类坐果及果实膨大期是增施二氧化碳的最佳时期,一般在开花后 10～15 天施用。每天施放的时间,应根据设施内二氧化碳浓度日变化规律来确定,早晨揭苫后半小时开始施放二氧化碳,晴天持续施放 2 小时以上,并维持较高浓度至通风前 1 小时停止,阴雨天气停止施放。

(2) 二氧化碳施用浓度 施用二氧化碳的最适浓度与作物种类、生育阶段、天气状况等密切相关,在温、光、肥等较为适宜的条件下,一般蔬菜作物在二氧化碳浓度 600～1500 微升/升下,光合速度最快,其中果菜类以 1 000～1 500 微升/升、叶菜类以 1 000 微升/升的浓度为宜,辣椒以 800～1 500 微升/升最为适宜,若连续长期应用,选择适宜浓度的低限较为经济且效果稳定。

(3)增施二氧化碳应注意的问题 在水肥充足、气温较高、光照较好的条件下,设施密闭环境中增施二氧化碳对促进作物生长发育、获得高产优质效果明显。在上午通风前施放,通风后或全天通风后以及阴雨天无光照的条件下不宜进行二氧化碳施肥。大温差管理可提高二氧化碳施肥效果:上午在较高温和强光下增施二氧化碳以利于光合作用制造有机物质;而下午加大通风,使夜间的温度较低,加大温差有利于光合产物的运转,从而加速作物生长发育与光合有机物的积累。由于二氧化碳比空气重,为使增施的二氧化碳能均匀施放到作物功能叶周围,应将二氧化碳发生装置或输气管道置于植株群体冠层高度的位置,并采取多点施放或增加施放管上的孔数以保障其均匀性,使增施的二氧化碳得到充分而有效的利用。

化学反应所需的硫酸腐蚀性强,因此要注意使用的安全性,包括稀释硫酸时应将硫酸沿器壁倒入水中,加强搅拌;容器不能用金属材料;操作时应尽量戴防护手套、眼镜,以防操作人员皮肤、衣服被烧破;待反应完全终止,残液充分稀释后再利用,以防止余酸对作物产生危害。燃烧法由于燃烧物的不同及燃烧程度差异,可能在产生的气体中混有二氧化碳等有害气体,因此一定要采取措施加以滤除,防止其对作物产生不利影响。长时间高浓度地施用二氧化碳会对作物产生有害影响,如使植株老化、叶片反卷、叶绿素下降等,因此使用浓度应略低于最适浓度,适当减少施用次数,同时加强水肥管理。施用二氧化碳期间,应使棚室保持相对密闭状态,防止二氧化碳气体逸散至棚外,提高二氧化碳利用率,降低生产成本。

84. 如何防治辣椒落花、落果、落叶?

辣椒的"三落"在生产中较常见,发病病因主要包括如下几个方面:①选用的品种不适宜。②播种过早或反季节栽培时,甜椒、辣椒生长期间温度得不到满足。当地温低于 18℃时,根系的生理机能下降;8℃时根系停止生长,植株处于不死不活的状态;气温低于 15℃时,虽然能够开花,但花药不能放粉,温度长期上不来,易发生"三落"。③甜椒、辣椒生长季节气温过高。气温高于 35℃时不能受精,地温高于 30℃,根系受到伤害而落花。④在甜椒、辣椒生长期间,遇连续阴雨天气而光照不足或空气相对湿度低于70%,营养过剩或生殖生长失调,植株徒长;水分过多或不足均可导致落花、落蕾和落果。⑤土壤肥力不足。土壤中缺磷、缺硼或秧苗素质差,管理跟不上,导致定植后不能早缓快发,进入高温季节枝叶未长起来,封不上垄;再加上甜椒、辣椒根系浅(主要分布在5～15厘米的表土层中),地温升高容易受到伤害,引起开花不实,或落花、落蕾。⑥病虫危害。如疮痂病、细菌性叶斑病、炭疽病、病毒病、烟青虫、茶黄螨危害严重时,容易导致落叶。⑦肥害。在甜椒、辣椒苗期或生长期间,施用了未充分腐熟的有机肥,尤其是未发酵好的鸡粪,鸡粪在温室内发出的氨气危害会使叶片失水、干枯,腐熟过程中也会造成烧根或沤根,引起水分、养分不能正常供应,从而产生"三落"现象。

针对"三落"现象应采用以下防治措施:

第一,因地制宜地选用适合当地的耐低温、弱光或早熟品种,如甜杂1号、甜杂2号、农乐、8179辣椒、9198辣椒、特大牛角椒、中椒2号、中椒3号、农发、辽椒4号、早丰1号、早杂2号、湘研1号、湘研4号等。

第二,科学地确定适宜当地的播种期,以满足甜椒、辣椒生育适温20℃～30℃,适宜地温25℃的需要。既要考虑棚温是否符合要求,也要考虑地温是否能达到18℃以上,生长季节能否躲过高温危害等问题。为防止低温造成的危害和太阳直接照射带来的伤害,通过管理使其达到甜椒、辣椒生长发育对温度、湿度的要求,尤其是地温往往更突出,防止徒长或僵化苗。

第三,提倡施用日本酵素菌沤制的堆肥、充分腐熟添加马粪等酿热物的有机肥或绿丰生物肥,每667平方米施用50～80千克。根据苗情施好促秧肥、攻果肥、返秧肥。采用配方施肥技术,防止生长后期脱肥。

第四,注意防治疮痂病、炭疽病、病毒病、烟青虫和茶黄螨等病虫害。

第五,采用地膜覆盖栽培的,进入高温季节可破膜;防止土温过高,应使用遮阳网覆盖。

第六，合理喷施液肥或植物生长调节剂，必要时每 667 平方米用惠满丰液肥 450 毫升。对水稀释 400 倍，或绿风植物生长调节剂 600～700 倍液，或促丰宝活性液肥 R 号 600～800 倍液，连续施用 2～3 次。此外，叶面喷施金邦 1 号、磷酸二氢钾或"垦易"微生物活性有机肥。

第七，适时采摘。当果实由淡黄色转青色时即应采摘。

第八，疏枝摘心。立秋前一次性疏去老枝、弱枝、病虫枝，并结合疏枝增施一次速效肥，以恢复生机，促进分枝和花芽形成后再结果，防止早衰。

第九，防止落花落果的化学控制技术措施主要包括以下 3 个：

用坐果灵稀释液喷施花和幼果：如采用江苏武进市漕桥植物激素厂生产的 2.5％坐果灵 1 毫升加清水 1.25 升（即 20 毫克/升），于下午闭棚盖草帘之前（16～17 时），用手持喷雾器将稀释好的药液对花和幼果一起喷洒，每 5～7 天喷 1 次，可提高早期产量 50％以上。注意不要喷到植株生长点（顶心）和嫩叶（顶叶）上。如果因不小心把药液喷到嫩叶上而发生轻微的卷叶，过几天就会展开；要是卷叶严重，则用 20 毫克/升的"九二〇"（90％的赤霉素）1 克加水 50 升喷雾，过几天情况会好转，且不会影响产量。

用防落素稀释液喷花喷幼果：如用山西太原化学工业集团公司磷肥厂农药分厂生产的 1％防落素水剂 333～500 倍液（即 1 支 20 毫升的 1％防落素水剂对清水 6.65～10 升，也就是 20～30 毫克/升），于辣椒盛花前期至幼果期的上午 10 时以前或下午 4 时以后，用手持小型喷雾器向花蕾、盛开的花朵、幼果上进行喷施，也可采用蘸花和涂花柄法。防落素的使用浓度与气温高低有很大的关系，气温高时，浓度要小，对水量取上限；气温低时，浓度要大些，对水量取下限；棚内温度气温高于 28℃时，浓度要小，可对清水 667 倍（即 15 毫克/升），高温天气下浓度过高易出现药害。防落素对人、畜无毒，在使用范围内对蜜蜂无毒害，长期存放不易变质，可与腐霉利、扑海因等非碱性农药和尿素、磷酸二氢钾混喷。

用 2,4-D 稀释液蘸花、涂花柄:如采用江苏武进市漕桥植物激素厂生产的 2,4-D 水剂(20~30 毫克/升)于傍晚对开花前后的辣椒花,用毛笔蘸花、涂花柄。须注意的是,当棚内温度高于 15℃时,使用的浓度为 20 毫克/升,即每升清水中加入原 2,4-D 液 48~50 滴,摇匀;当棚内气温低于 15℃时,使用的浓度为 30 毫克/升,即每升清水中加入原 2,4-D 液 72 滴,摇匀。当天配制当天使用,宜在早晚进行,严禁在烈日下点花。不要重复点花或变化浓度点花,以防止出现畸形果。在 2,4-D 稀释液中加入腐霉利,可预防因点花、涂花柄而传染灰霉病。

85. 秋冬茬辣椒的管理要点是什么?

日光温室秋冬茬辣椒育苗在 7 月上旬开始播种。苗床要选择在地势高的地方,以防止雨水冲入苗床。畦面宽 1 米,棚上可覆盖遮阳网,以降低光照强度和温度。播种水一定要浇足,但一般不补充浇水,因为补充浇水会使土壤板结,影响出苗质量,而且浇水过多会使土壤过湿而使辣椒苗发生猝倒病。播种水的量应使 10 厘米深的床土达到饱和,水要凉不要热,水渗下后在床面撒一层营养土,防止种子直接接触湿土。播种 10 分钟后再覆土,覆土厚度为1 厘米。覆土后盖黑色地膜,防止地温过高。

播种后,温度应保持在 25℃~28℃,地温 20℃,6~7 天后出苗。当有 70%出苗时即要及时遮荫降温(白天 23℃~25℃,夜间15℃~17℃),防止徒长。通过大通风或浇冷水以降低土壤温度法来防热。要在苗床的四周挖排水沟,及时排除雨水。同时特别注意防蚜虫,防蚜虫的目的是为了防病毒病,其有效方法是在大棚四周的揭开处围上纱网,或在塑料薄膜上再覆盖一层纱网。定植前12~15 天结合浇水施一次速效氮肥,用硝酸铵与磷酸二氢钾按2:1 混合后的 500 倍稀释液喷施。

六、日光温室栽培与辣椒的商品性

(1)定植 日光温室辣椒一般在 9 月中下旬定植,在定植前要对温室进行彻底的消毒。一般用硫磺粉熏烟法,每百平方米的栽培床用硫磺粉、锯末、敌百虫粉剂各 0.5 千克,将温室密闭,将配制好的混合剂分成 3～5 份放在瓦片上,在温室中摆匀,点燃熏烟,24 小时后开放温室排除烟雾,准备定植。整地后定植有两种方法:一种是不做垄,按行距 60 厘米开沟,施腐熟的有机肥;另一种是做 20 厘米高、70 厘米宽的南北向垄,中间开一条深 20 厘米的浇水沟,两垄间距为 30 厘米,垄面微向南倾斜,在垄上覆盖地膜,依行距 40 厘米、株距 20～30 厘米打定植孔。晴天上午定植,深度以苗坨表面低于畦面 2 厘米为宜。栽完后浇定植水。

(2)蹲苗期管理 定植以后浇水 1～2 次即进入蹲苗期。蹲苗期日温保持在 20℃～30℃,夜间温度保持在 15℃～18℃,地温 20℃,一般不浇水,只进行中耕,当门椒坐住,彻底浇一次水,每 667 平方米随水施化肥 10～20 千克,结束蹲苗。

(3)结果期管理

①温度管理 温度管理的主要工作是通风降温,但要做好防寒和防早霜的准备,10 月 15 日前后要盖草帘。冬季白天温度应保持在 20℃～25℃,夜间 13℃～18℃,最低应控制在 8℃。冬季以保温为主,通风量减小,通风时间变短,以顶部通风为主,下午温度降至 18℃时,及时盖草帘。温度管理采用变温管理法。这种方法是利用辣椒的温周期特性,将一天的温度管理分为上午、下午、前半夜、后半夜四个阶段,上午揭开草帘以后,温度迅速提高,维持在 25℃～30℃,不超过 30℃不通风,上午辣椒的光合作用强度高,下午 13 时以后,呼吸作用相对提高,此时的重点是抑制呼吸作用,通过适当的通风,使温度降低,维持在 20℃～23℃;前半夜的重点是促进白天光合同化物的外运,适宜温度是 18℃～20℃,此时辣椒植株进行呼吸作用;后半夜管理的重点是尽可能地抑制呼吸作用,减少养分的消耗,温度在 15℃左右。在进行变温管理时应注

意两个问题,其一是气温与地温的关系,辣椒的生长要求一定的昼夜温差,在高气温时,应控制较低的地温,低气温时应控制较高的地温,地温的调节可以通过早晨浇水等方法来实现;其二光照与变温管理的关系,在光照充足的情况下,高温可提高辣椒的光合速度,而在光照不足的情况下,较低的温度可以抑制呼吸消耗,所以,应根据天气的晴阴变化,灵活控制温度,晴天时控制温度取高限,阴天时控制温度取低限。

对于在冬季保温效果较差的温室,在覆盖各种不透明覆盖物后最低温度仍达不到要求时,可利用提早揭盖草帘来提高夜间温度和最低温度,在太阳落山之前,覆盖草帘,在早晨,尽量早揭草帘,以揭开后温度在 20 分钟内开始回升为适宜。

②光照管理 冬季光照强度低,应在保证温室温度的前提下,尽量延长光照时间,早揭晚盖草帘,使植株多见光,同时要保持薄膜表面的清洁,提高透光率,在温室的北侧可以张挂反光幕,以提高光照强度。阴天或雪天,光照强度低,植株呼吸消耗大,可进行根外追肥,喷施 1% 糖水。

③湿度管理 湿度过高会出现辣椒叶片的"沾湿"现象,此时必须除湿。除湿的最好方法是采用膜下灌溉的浇水方式。浇水的时间选择在上午,这样有利于地温回升和排湿。排湿的方法是在浇水以后,不通风,使室内的温度迅速升高,地表的水分蒸发,空气相对湿度提高,1 小时后迅速通风 10 分钟,通风口要大,时间不可长,而后关闭通风口,如此通 2～3 次风以后,地表的湿气基本可以排除。另外,温室内要尽量减少喷药的次数,可用熏烟的方法代替喷药。

④水肥管理 冬季浇水应用深机井的水或温室内部蓄水池的水,以防止降低地温。浇水量以土壤见湿为准,随水施肥,根据植株的长势和结果情况,每浇 1～2 次水施肥一次,每 667 平方米施磷酸二铵 10 千克或尿素 10 千克,结果后期,每 5～7 天喷施 1 次

0.3%磷酸二氢钾或0.2%尿素,也可喷施"喷施宝"等叶面肥。

⑤保花保果及植株调整　可用2,4-D或番茄灵抹花,以提高坐果率。进入盛果期以后,要摘除内部徒长枝,打掉下部的老叶。在拉秧前15天摘心,使养分回流,促进较小的果实尽快发育成具有商品价值的果实。对于早春辣椒越夏连秋栽培的,要在8月初将第三层果结果部位以上的枝条全部剪下,剪枝后及时喷1:1:240的波尔多液,1周以后再喷1次,以利于伤口的愈合。发出新枝后,要选留壮枝。

⑥采收　门椒要及时采收,防止坠秧,以后的果实应长到果形最大、果肉开始加厚时再采收,若植株长势弱,要及早采收。

86. 冬茬辣椒的管理要点是什么?

日光温室冬茬辣椒在8月末至9月初育苗,播种时温度较适宜,可在温室、小棚或中棚中播种育苗,也可在秋延后栽培的大棚中开辟一块地播种育苗。若定植时温度较低,应采用提高和保持地温的方式定植。定植后的管理如下。

(1)温度管理　要保证定植时温室保持较高的温度。定植后,外界温度逐渐降低,保温措施要加强,注意应对灾害性天气。

(2)光照管理　冬季的光照强度低,要想方设法提高温室内的光照强度。

(3)湿度管理　冬茬辣椒的结果期正是外界温度最低的天气,温室内的空气相对湿度大,排湿显得尤为重要。

(4)水肥管理　冬季温度低,为了防止降低地温,浇水要少量多次,水要用深机井水或温室内部贮水池里的水,以保证浇水后地温不会降低过多。浇水时间应选择在早晨,以利于地温的回升和排湿。为了防止浇水后湿度过大,最好采用膜下灌溉,有条件的可用地下软管灌溉或滴灌。施肥量比冬春茬辣椒适当减少。在冬茬辣椒栽培中,由于放风量少,内外空气交换少,更强调二氧化碳施肥。

(5)植株调整、培土搭架、保花保果 对于地上部分生长过盛的枝条,应及时摘心,中后期及时除去内部和下部的老叶,改善通风透光条件。封垄以后及时培土,防止辣椒由于"头重脚轻"而倒伏,培土后搭架,即在每垄(两行)的外侧,各搭一根竹竿像栏杆一样将辣椒扶住,同时可以改善两垄之间的通风透光条件。冬茬的整个结果期由于温度低,均要采取保花保果措施。

(6)采收 冬季温室环境条件差,又要保证较长的生长期,因此,应把采收作为调节植株生长平衡的手段。在植株长势弱时早采,长势强时晚采。

87. 冬春茬辣椒的管理要点是什么?

(1)育苗 冬春茬辣椒一般在 11 月下旬播种育苗,在种秋冬茬辣椒的温室中部先将一部分辣椒植株拉秧,在空出的地面上育冬春茬的苗,播种时期可适当延后到 12 月上中旬。冬春茬辣椒的育苗期正值温度最低,一般要在温室中育苗,并且要加盖小拱棚。在温室中部东西向做畦,架 2 米宽、1 米高的小拱棚,棚上加草帘保温,可在苗床下铺地热线,或铺一层 5 厘米厚的马粪。

(2)定植 定植时间应选择在 1 月下旬天气转好的日子。为了保持较高的地温,适宜的定植方法是在整地施肥后起垄,垄宽60 厘米,垄间距 40 厘米,起垄后覆盖地膜,两天以后地温升高,打定植孔,将苗坨摆放在定植孔中,用水壶向定植孔中点水,而后覆土。

(3)温度管理 为了促进缓苗,要保持高温、高湿的环境,白天不进行通风并适当提早盖帘时间,揭帘时间可按正常情况进行,这样的管理以 7 天左右为限,不宜过长。此后的温度管理是靠调节通风量来加以控制的。日最高温度不宜超过 30℃,30℃左右的温度在一天当中不宜超过 3 小时,否则会给坐果和果实的发育带来不良影响。中午以前可保持在 26℃～28℃，中午以后仍应把室内温度保持在 28℃左右，以利于蓄热。盖帘以后至夜间 22 时，室温由 20℃～23℃逐渐降至 18℃，此后至翌日揭帘时最低温度以 15℃为宜。入春以后，随着天气转暖要逐渐加大通风量。单靠顶部通风不能解决问题时，可以将肩部通风口打开通风，加强对流。露地栽培的定植期内可以不盖草帘。外界最低气温稳定在 15℃后，揭开底脚薄膜进行昼夜通风。

(4)追肥和浇水 辣椒在第一果实(门椒)坐果后至采收前，不仅植株不断增长，第二、第三层果实(对椒和四母斗)也在膨大生长，而且上部还要形成枝、叶，陆续开花结果，此时是追肥的关键时期。当门椒长到 3 厘米左右时结合浇水进行第一次追肥，每 667 平方米可随水浇腐熟粪稀 2 000 千克或硝铵 15 千克及钾肥 8～10 千克。以后根据情况每隔 2～4 水追 1 次肥。缓苗期间尤其是定植后每天叶面进行喷雾，是促使缓苗且增加产量的秘诀。如果用 0.4%的磷酸二氢钾进行叶面喷肥，更有利于发根。缓苗以后根据土壤墒情，高垄栽培的在膜下浅沟内浇水 1～2 次，平畦栽培的在缓苗后轻浇 1 次水，然后进行蹲苗，直到门椒长到直径 3 厘米左右，每 667 平方米随水施入硫酸铵 20 千克，硫酸钾 10 千克。以后每浇 1 次水或 2 次水随水施 1 次肥，每 667 平方米可施尿素 10 千克或硫酸铵 10 千克。同时应进行二氧化碳施肥。膨大生长后再选晴天与追肥配合浇水，以后根据植株生长情况和天气变化，采取小水勤浇的方法进行浇水。一般在土表发白，10 厘米以内土壤见平时即应浇水。辣椒不宜大水漫灌，也不宜旱涝不均。过度干旱后骤然浇水可能发生落花、落果和落叶。

(5)植株调整 进入采收盛期后，枝叶繁茂，行间通风透光差。为了改善这种情况，结门椒后，植株上向内伸长、长势较弱的"副枝"应尽早摘除；当主要侧枝上的次一级侧枝所结幼果直径达到 1 厘米时，可以根据植株长势的强弱在这些侧枝上留 4～6 叶后摘心；中后期的徒长枝也应摘掉。

(6)防止落花落果 在开花初期因温度偏低容易落花(尤其是门椒)，可用 2,4-D 液 15～20 毫克/千克或番茄灵 25～30 毫克/千克在开花时涂抹花器。但辣椒花朵小、花梗短，进行蘸花有诸多不便，生产应用较少，目前更多的是从提高温室采光和保温性能以及增加蓄热等方面来防止落花落果。

(7)采收 门椒要早采，以后的辣椒要到充分长大、果肉变硬时再采。

88. 日光温室辣椒雨雪天如何管理?

(1)灾害性天气的类型 灾害性天气可分为 4 种类型：一是强寒流的袭击，每年的 1～2 月对温室的蔬菜生产造成很大的危害；二是连阴天天气，长达 1 周甚至 1 个月的连续阴天，使日照不足平时的 50%，气温和地温下降，光合作用不能正常进行，辣椒植株处于饥饿状态；三是风、雨、雪天气，除了温度降低和光照少外，还有各自的危害，冬季的大风可能揭开草帘和薄膜进入温室内，造成冷害甚至冻害，晚秋或早春的雨天使温室不能通风，温室内湿度大；四是连阴天或雨雪天后突然晴天，光照、温度变化幅度大，在不良天气下生理活动微弱的植株不能适应这样的环境，造成生理机能的失调。

(2)对策 灾害性天气发生突然，危害严重，所以减少灾害性天气对辣椒生长的危害是温室管理工作的重点。管理上应从保温、增光入手，配合应急措施，以防为主，做到有备无患。主要要抓好以下工作。

①建造性能良好的日光温室 这是防灾减灾的基础。日光温室要有良好的保温性能和透光性能，后屋面和墙的厚度一定要保证，温室各处缝隙要堵严，建造时要严格按照要求进行，不可偷工减料。设计时要考虑最大雪压和风压。

②加强保温措施 下午提早覆盖草帘,再加上几席草帘,增加邻近草帘之间的重叠量;将前一年的废旧薄膜裁剪后缝在每一个草帘的外面;在温室前屋面下部围一层草帘;在温室内临时生火加温,但要有烟道,防止烟害。

③增光 是在温室的内侧挂反光幕以增加光照的方法。灾害性天气降低了温室后墙的贮热量,也就降低了夜温,所以这种方法在灾害性天气过程中是不可取的。有效的方法是利用白炽灯进行人工补光,每天补光 3～4 小时,可促进光合作用,提高抗性。阴天时要利用中午时间通风排湿。雨雪天由于温度低,要将草帘轮流揭放,使各处的植株都见光,可利用阴天中短时间的晴天将草帘大量揭开,捕捉短时间的光线。

④连阴、雨、雪后骤晴天气的管理 遇此天气应缓慢揭苫,可采用间隔揭苫的方法。如出现萎蔫可用喷雾器喷清水,而后"回苫",植株恢复后再揭开。植株适应正常天气一两天后,要浇水施肥,还应向叶面喷施速效肥,可喷 0.3％尿素或 0.5％磷酸二氢钾溶液。

89. 什么是日光温室辣椒再生栽培技术？怎样实施？

1 年生辣椒在有条件的保护地栽培可以实行多年生栽培,也称辣椒植株换头再生栽培。辣椒经过越夏栽培后,生长势减弱,植株分枝多,生产力下降。根据辣椒易萌发新芽、能形成新侧枝的特性,将其四母斗以上的侧枝剪掉,以促使植株下层的侧枝和植株基部萌发出健壮的侧芽,形成新侧枝,提高生产力。剪去植株四母斗以上的侧枝时,必须在侧枝的下部保留一定数量的绿色功能叶,以进行光合作用,制造和积累光合营养供植株之需,从而促进萌发壮芽。

当第一次整枝 13～17 天后,促发的新侧芽已长至 2～3 节,这时每株选留 2～3 个健壮侧芽,抹掉其余的芽。在选留侧芽时要掌握"留上不留下,留强不留弱,留大不留小,留单不留双(即在同一条老侧枝上发出多个侧芽时,只选留一个最好的壮芽)"的原则。当每株选留好2～3个壮芽后,及时追肥、浇水和中耕松土。当选留的侧芽长到15～20厘米长时,将植株发生新枝位置之上的老枝条全部剪去。

辣椒进行再生栽培的前期,正好是高温、多雨、多病虫害的季节,因此在管理上要抓好以下几项工作:一是在夏秋季节仍保留冬暖大棚的塑料棚膜,以挡风、避雨、遮荫;二是在棚膜上覆盖银灰色或白色的遮荫网,防止棚内受阳光暴晒,因高温引发病害;三是加大通风、排湿,降低空气相对湿度,加大昼夜温差;四是防治病虫害;五要进行追肥,保持植株旺盛的生长活力。

七、大棚栽培与辣椒的商品性

90. 大棚春提早栽培辣椒的管理措施有哪些?

早春大棚辣椒一般在 2 月中旬至 3 月上旬定植,而后浇足底水,水渗后分次封穴,并将地膜的定植口封严。这时,要注意做好以下 3 项管理工作:

(1)适时控温通风 定植后棚外温度尚低,要注意保温,白天温度保持在 22℃~30℃,夜间保持在 12℃~20℃为宜。若遇寒流可在棚内加扣小拱棚保温,随着天气转暖,逐渐加大通风量。棚外最低气温在 15℃以上时要全面通风,白天拉开中缝,揭卷边缝,夜间留中缝继续通风。

(2)合理浇水施肥 定植时应浇足水,生育前期尽量少浇水,如需浇水,应选晴天午前向膜下浇暗水。辣椒开始膨大后,选择晴暖天气浇 1 次膜下水,此后应保持土壤湿润,避免土壤忽干忽湿。在生育后期的高温季节,可采取早晚小水勤浇,以调节土壤和空气相对湿度。当辣椒长到约 3 厘米时,结合中耕每 667 平方米撒施腐熟有机肥 2 000 千克,草木灰 30 千克;辣椒坐住后,随水每 667平方米冲施尿素 15 千克;"四母斗"椒坐住后,每 667 平方米冲施1 000 千克腐熟人粪尿,以后每隔 20 天冲施一次 200 千克复合肥即可。

(3)注意保花保果 辣椒落花落果是影响产量的重要因素,为了有效地防止落花落果现象,除通过加强田间管理外,还应用激素处理,以提高坐果率。甜椒在花开后 20 天左右大小已长足,但皮薄味淡不宜采收,一般在花后 35 天左右,果肉变厚,果皮变硬,皮色呈暗青色时采收最佳,这时单果最重,耐挤压,易贮运。

91. 辣椒越夏连秋栽培的管理措施有哪些?

春季栽培的早熟辣椒,在 6 月下旬揭去塑料薄膜后,应保证充足的水肥供应。在高温多雨的夏季,辣椒生长受到抑制,结果量少,果形小,产量低,植株高度和开展度几乎处于停顿状态。8 月中旬后,温度降低,此时对辣椒加以修剪,除去老枝叶、弱枝,使辣椒得以更新复壮。在 10 月 1 日前,在大棚上重新扣上薄膜,进行秋延后栽培,一直到初冬,低温将辣椒冻死。还有一种方式是在炎热的夏季,把大棚四周的薄膜掀起卷上,使大棚四周通风,此时大棚上部的薄膜起到了遮荫降温的作用,辣椒可度过炎热的夏季。进入秋季后,随着外界气温的下降,逐渐将薄膜放下,直至 10 月 1 日前将其全部放下,并将边缘埋好。扣棚时间要灵活掌握。扣棚初期加强放风,开始扣棚时,要逐步进行,先将棚顶扣上,在棚顶的中间要留通风口。四周的薄膜在夜间要盖严,但还要留通风口,当外界夜间温度降到 15℃ 以下时,应将全棚扣严,只在白天进行通风。中后期要加强防寒保温,棚内温度低于 15℃ 时,可采用加盖草帘的方法加强防寒保温,促进果实膨大。在晴天的中午,要进行短时间的通风。

长期栽培的辣椒在夏季过后,植株又开始迅速生长,开花结果。此后适宜大棚辣椒生长发育的时间是在 8 月中旬到 10 月之间,所以要集中水肥管理,促其缓秧,多发新枝,及早开花坐果,力争在全棚扣严、夜间不能通风之前使果实坐住。全棚扣严后,为避免棚内的湿度过大,只要土壤不过分干旱,原则上不再浇水。当外界气温过低,大棚辣椒不能继续生长,为防止果实受冻,要及时采收。为使辣椒生长期长,产量高,则要求整枝。从对椒开始,每株保留 3~4 杈,以后每杈上长出的两小杈中留长势较强的一杈。枝杈可用尼龙绳吊起,每株可用吊绳 3~4 条,其中 1 条吊在正对绳下方植株的一个杈子上,另外 2～3 条吊入相邻植株的各一个枝条,如此循环吊枝,使吊绳交叉成网,这样植株才不易倒伏。每株的 3 条主枝,任其生长,长到一定高度时摘心,主枝下的侧枝萌发后,比较粗壮的枝条可坐果。当果实坐住后,在果实上部留两片叶摘心。

对于早春辣椒越夏连秋栽培的,要在 8 月初将第三层果结果部位以上的枝条全部剪下,剪枝后及时喷 1∶1∶240 倍的波尔多液,1 周以后再喷 1 次,以利于伤口的愈合。发出新枝后,要选留壮枝。

92. 大棚秋延后栽培有哪些管理措施?

大棚秋延后栽培要比露地栽培延后 1 个月的时间,北方寒冷的地区由于大棚内的温度太低,辣椒很难在棚内越冬,故采用这种方式种植辣椒的较少。而在南方较温暖的地区,采用这种方式的较多。

(1)品种选择 在秋延后辣椒栽培过程中,前期高温多雨,后期低温寡照,因此必须选择早熟、抗逆性强、耐低温、产量高、商品性好的品种,如苏椒 5 号、洛椒 4 号等。

(2)适时播种 秋延后辣椒的播种期应掌握在 7 月 10～20 日,过早播种植株易感染病毒病,而过晚植株坐果少、产量低。每 667 平方米用种量为 120～150 克。播种前要浇透底水,再把催过芽的种子均匀撒在苗床上,上面再撒 1 厘米厚的营养土和药土。播种后苗床上面要盖稻草保湿,再搭小拱棚盖草帘子遮荫降温。下雨时及时加盖薄膜挡雨,以免引起倒苗和徒长,雨后立即将薄膜揭掉。

(3)苗期管理 出苗前,白天温度控制在 30℃～32℃,夜间控制在 18℃～20℃;出苗后白天温度控制在 25℃～30℃,夜间控制在 16℃～17℃。定植前 10 天要进行炼苗,白天将温度控制在

25℃左右,夜间控制在 10℃～12℃。底水浇透后苗期一般不再浇水,以防幼苗徒长。如果幼苗徒长,可以用矮壮素或助壮素进行处理。子叶展开到出现真叶时应间苗,把拥挤在一起的弱苗、病苗、畸形苗拔除。

(4)定植 秋延后辣椒在地面铺设地膜后追肥困难,因此定植前施足基肥尤为重要。肥料要以有机肥、磷肥和钾肥为主,每 667平方米施腐熟农家肥 4 000～5 000 千克、三元复合肥 50 千克、磷酸二氢钾 10 千克,在定植前整地做畦时施入即可。定植时间应依据壮苗标准而定,以幼苗长至 30 天、高 17 厘米左右、出现 8～10片真叶时定植为宜,苗龄最多不能超过 35 天,切忌定植老化苗和徒长苗。定植时一穴双株,每 667 平方米栽 4 000～4 500 穴,株距为 30～40 厘米,行距为 40～45 厘米。辣椒定植不宜过深,栽苗高度以苗坨高度为准。定植前喷施一遍杀菌剂和杀虫剂,可用2.5%溴氰菊酯 1 500 倍液和 75%百菌清可湿性粉剂喷施。

(5)定植后的管理 秋延后辣椒一般 9 月中旬至 10 月下旬坐果,10 月下旬至 11 月要控制适宜温度以促进辣椒生长。12 月以后注意保温防冻,翌年 1 月后上市。

①覆盖物管理 辣椒定植到大棚后,当生长前期白天气温高于 30℃时应将棚膜四周卷起,以起到通风、遮阳、降温的作用,有条件的地方可在棚膜外覆盖草帘或遮阳网来降温,并使大棚昼夜通风;当白天温度稳定在 28℃以下时,可揭掉大棚外的草帘或遮阳网。到 10 月下旬,第一次寒流来到之前,大棚内要及时搭设小拱棚,以保持辣椒生长所需的温度。进入 11 月中旬后,简易大棚内的小拱棚要及时覆盖草帘。12 月以后,当最低气温降到 −2℃以下时,可先盖小棚膜,上面覆盖草帘,草帘外再盖一层薄膜。大棚膜一定要用土压紧,防止漏风冻苗。采用这套保护设施,在气候正常的年份辣椒可以安全过冬,但要保持每天见光,即使阴雨天也要揭去小棚膜和草帘见光,一般上午 8 时前后揭去小拱棚

上覆盖物,下午 5 时左右盖棚。

②肥水管理　定植后根据土壤墒情勤浇小水,浇水后及时中耕培垄。缓苗后出现缺水现象要进行小水浇,忌大水漫灌或忽干忽湿,保持棚内湿润。11 月上旬以后,控制浇水以防止烂果。辣椒成活后,前期温度高,根系吸收力强,可追 1~2 次肥,促使植株早生快长,进入花期后应减少氮肥施用量,增施磷、钾肥;后期温度低,根系活力减弱,多进行叶面追施,每 7 天左右施 1 次,可用0.3%的磷酸二氢钾和 0.2%的高效复合肥喷施。第一次追肥一般在门椒长至 3 厘米左右大小时,对椒坐住后结合浇水每 667 平方米施腐熟人粪尿 1 000 千克或硫酸钾 8~10 千克,以后每隔 3~4 次浇水时追 1 次肥。

③植株调整　将门椒以下的腋芽全部抹除,对长势较弱的植株,第一、第二层花蕾也要及时抹掉,以促进植株生长。初霜后(10月下旬)应抹除嫩枝、无效枝条和花蕾,以减少养分消耗,促进果实生长。秋大棚辣椒早期开花时,气温尚高,易引起授粉不良或植株生长过旺而造成落花落蕾,可喷施 30 毫克/千克水溶性防落素溶液或用 0.001%~0.002%的 2,4-D 溶液蘸花防落花落蕾,同时进行植株培土,摘除老叶,以便于通风透光。

93. 移动式大棚的建造技术是什么?

移动式简易日光大棚是山西省长治市经常使用的一种简易大棚设施。该大棚南北走向,东西跨度 12 米,拱形,棚脊高 2.5 米,棚长视地块面积而定,一般以 50~60 米为好。

(1)钢梁　选用直径 4 厘米的钢管按棚脊高度 2.5 米弯成拱形,每 667 平方米需 56 根。

(2)支柱　用直径分别为 4 厘米和 6 厘米的两种钢管相套,做成升降式输液架支柱,插入地下的部分用 15 厘米长角铁焊成"十"字形,用以固定和防止下陷;顶部用 1 米长钢管 1 根,做成"T"字形支柱。支柱分高低两种,高的 1.5～2 米,低的 1～1.5 米,两高两低 4 根支柱为一组,每 667 平方米需 28 组。

(3)固定　钢梁间距 1 米,南北排列,以"T"字架东西走向支撑固定,每两根钢梁用 1 组支柱以套管或螺丝相连接作为 1 组钢架。钢梁上扣棚膜,棚西侧用宽膜,并将靠地面的部分压入土中,以防西北风吹刮,棚东侧用窄膜,与宽膜相接,可打开通风透气,排湿降温,调节棚内温、湿度。棚膜上每两组钢架之间东西方向用铁丝拉紧压实,棚外视天气状况张挂遮阳网,通风口挂防虫网,初春或晚秋棚东西两侧挂草帘御寒。2 月 5 日前后,在日光温室内做畦育苗。4 月 5 日,即定植前半个月,建好移动式简易日光大棚,在棚内整地施肥。定植前 7～10 天起垄覆膜,垄高 10～15 厘米,宽 60 厘米,垄沟深 40 厘米,膜宽 80 厘米。利用移动大棚栽培,定植时间可提早一个月,采收延长至 11 月中旬,可延长生长期 90～100 天,能够使产品上市避开大田采收高峰和农忙季节,一般每 667 平方米可增加产量 2 500～3 000 千克。移动式简易日光温室采用管架结构,拆卸方便,具有可移动、防寒、防晒、防雨、防虫、防病、防雹、防霜等多种功能,而且设施可多年利用,降低成本。制造移动式简易大棚需要钢架(钢丝)、棚膜、草帘、遮阳网等,成本约 2 000 元,其中钢架可使用 8～10 年,草帘、遮阳网可以使用 2 年。生产投入 700 元,每 667 平方米净收入 5 000 元。

采用移动式简易日光大棚栽培甜椒,有密闭小环境、便于管理、可更换地块、选择合适茬口的优点,实现了合理轮作倒茬,避免连作、重茬,减轻病虫害发生,尤其可有效防止甜椒疫病和病毒病的大流行。

在早春和初冬遇到寒流,棚内温度降至 5℃ 以下时,可在棚内用手提式蜂窝煤炉暂时加温,避免遭受冻害。

八、病虫害防治与辣椒的商品性

94. 辣椒病虫害综合防治的基本方法有哪些?

辣椒的病害和虫害种类较多,发生的环境条件和时间错综复杂,在实际的防治工作中,要综观全局,措施配套,病虫兼顾,进行综合防治。

综合防治应贯彻"病虫兼治,措施综合"的原则,根据实际情况,科学确定主要的防治对象和无公害防治策略,以农业防治为基础,协调使用各种有效的防治措施,在不使用高毒、高残留农药和合理、安全使用农药的前提下,将病虫害控制在允许的范围内。

(1)根据实际情况确定主要防治对象和兼治对象 主要防治对象应当是当地普遍发生、危害严重而又难以防治的病虫。危害轻,或者危害虽重但偶尔发生的病虫,则列为兼治对象。要采取果断措施,迅速扑灭,严防扩大蔓延,在采取措施时,一并用药。

(2)确定综合防治策略和关键防治技术 防治病虫害的途径按其性质可分为植物检疫法、栽培防治法(又称为农业防治法)、品种防治法、生物防治法、物理防治法和化学防治法六大类。在这些防治途径及其所包含的各种防治技术中,应根据防治对象和目标的不同,选用经济、可靠、最易奏效的防治技术。在无公害生产中,要尽可能使用前5种技术,少用化学防治技术。

(3)制定防治计划和实施方案 防治计划包括防治对象的调查和监测,防治队伍的组织和资金筹措,防治的时间、地点、技术要求和操作规程,防治效果的检查和防治效益的评估。

(4)实施防治作业 综合防治方案最适合辣椒的大规模种植,尤其是辣椒种植基地。在同一时间,同一区域,采取相同的技术措施,易取得较好的效果。综合防治的基本思路和做法也完全适用于单一农户的防治。一家一户的防治,由于规模小,对防治技术和作业质量的要求更高,要做到更细致。

95. 辣椒病虫害品种防治法是什么?

利用辣椒的抗病性或抗虫性品种的特性来防治病虫害的方法称为品种防治法。

在用抗病品种或抗虫品种时,要明确该品种抗哪一种病、哪一种虫,并非抗病或抗虫品种就能抵抗所有的病、虫。在品种的繁殖和使用中,各种自然条件和天然的杂交等均会导致原来品种的某些抗病性或抗虫性发生改变。因此在使用抗病性或抗虫性品种时要提前进行试验,并在繁种过程中注意隔离和提纯复壮。

96. 辣椒病虫害栽培防治法是什么?

栽培防治法又称农业防治法,其基本原理是铲除病原与虫源,或大大减少其数量;增强植株生命力和对病虫害的抵抗力;改变环境条件,使之有利于植株生长发育,而抑制病虫害发生。栽培防治法的实施要与栽培的方式结合,根据当地农业生态条件选择使用,同时应与其他的病虫害防治措施相结合使用。

(1)合理轮作和间作套种 辣椒田多年连作会加重土传病害的发生,使土壤理化性质变劣,出现连作障碍,严重减产。辣椒的土传病害较多,最严重的是疫病、枯萎病、黄萎病、细菌性青枯病和白绢病等,这些病害都与辣椒连作,土壤中病菌逐年积累有关。试验表明,连作 3 年的辣椒田,疫病和枯萎病的发病率为 25%,连作 8 年的达 80% 以上。棚室中菌核病、灰霉病、猝倒病、立枯病的大发生,也与重茬有密切关系。因此,提倡辣椒与适宜的作物实行 3~4 年轮作。适合作辣椒前茬的作物有禾本科作物(玉米、麦类等)、百合科作物(大葱、洋葱、大蒜)、十字花科作物(大白菜、甘蓝等)以及甘薯、甜菜、豆类等。茄科作物(番茄、茄子、马铃薯、烟草等)、瓜类(黄瓜、西瓜、甜瓜等)和棉花与辣椒有共同的病害,不宜作辣椒的前后茬。

不合理的间作套种利于病原菌和害虫的繁殖与扩散传播,而合理的间作套种能充分利用时间和空间,提高水肥和光热的利用率,发挥作物间的互补作用,改善环境条件,抑制病虫害的发生,提高经济效益。例如辣椒与玉米套种,玉米有遮荫和降低田间光照强度的作用,能显著降低辣椒病毒病和日灼病的发病率,降低烟青虫的蛀果率,但若田间设计不合理,玉米过度遮荫,将造成辣椒减产。小麦与辣椒套种,除麦株有遮荫作用外,大量瓢虫还可从小麦迁移到辣椒上,消灭传毒蚜虫。另外,辣椒与大蒜、洋葱套种,可减少疫病、枯萎病的发生。

辣椒栽培区实行麦椒套种、玉米大蒜辣椒间作套种、大蒜菠菜辣椒间作套种等模式,对防治病虫害有较好的效果。

冬小麦辣椒套种多用3∶2式(3行小麦,2行辣椒)、4∶2式或6∶2式条带型种植。条带宽1.3~1.5米,播种3~6行小麦,剩余空畦栽2行辣椒,宽约1米。小麦在10月上中旬播种,基本苗13万~15万株。麦收前1个月左右,在预留空畦内犁开两条沟,间距50厘米,沟距麦行50厘米,顺沟栽辣椒苗。这种套种法麦椒共生期为35~40天,正值辣椒苗生长和花蕾形成的重要阶段,辣椒病毒、蚜虫和叶部病害都显著减轻。

玉米大蒜辣椒间作套种,是在田间每隔100厘米种1行玉米,两行玉米之间种两行蒜。玉米收后,挖去根茬,每隔1行平1行玉米垄,翌年栽1行辣椒。大蒜菠菜辣椒间作套种,是划定宽80厘米的条带,8月中旬在带内种3行蒜,行距15厘米,占地约30厘米,空畦宽50厘米,播种菠菜,翌年3~4月份收获菠菜,以后在空行内栽1行辣椒,穴距16厘米,每穴2株。玉米大蒜辣椒间作套种和大蒜菠菜辣椒间作套种两种模式也有明显减轻病害的作用。

(2)搞好田园卫生 蔬菜园每次收获后要及时清除病株、虫株残体和杂草，并集中深埋或销毁，防止带病残体混入堆制或沤制的农家肥中造成病原菌和害虫的扩散，要切断两季之间菌源、虫源的连续，降低越冬、越夏菌量与虫量，减轻下一季的病虫危害。该措施对防治炭疽病、疫病、菌核病、灰霉病、枯萎病、青枯病、软腐病和多种叶斑病，以及朱砂叶螨、茶黄螨、温室白粉虱、烟蓟马、蟋蟀等多种害虫都有重要作用。有些病害，例如枯萎病、青枯病、菌核病、灰霉病、白绢病等都是田间先出现传病中心，然后向周围扩散成灾的。对这些病害，应及时拔除中心病株或施药控制。病苗往往是大田发病的根源，要搞好苗床卫生和苗病防治，在定植时应及时进行病虫害防治并选择健壮苗定植，剔除有病虫害的苗。苗床土壤应用不带病原菌的净土，不宜使用菜园土。在移栽之前，应严格淘汰病苗。

(3)优化栽培管理 改进栽培技术，改善环境条件，是防治病虫害的基础措施，应根据各地具体情况和栽培方式的不同具体落实。

水肥管理与病虫害消长关系密切。首先要科学施肥，注意增施农家肥，配合使用氮、磷、钾肥，做到平衡施肥。合理施用氮、磷、钾肥能提高植株抗病性，若偏施氮肥，植株旺而不壮，抗病性降低。市场上复混肥和专用肥增多，拓宽了选择的范围，但要注意其使用的范围。所谓复混肥是化肥经过二次加工得到的产品，有通用型和专用型两大类。通用型的各成分含量和配比是固定的，在肥料袋外标明，常见的有以氮、磷、钾为主的固体复混肥。专用型的复混肥也叫做作物专用肥，它是在测定土壤供肥能力和作物需肥规律的基础上，按不同地域、不同地力水平和不同作物的配方施肥方案加工生产的肥料。按某种配方生产的专用肥，只适用于某一地区的特定作物，在购买和使用时要多加注意。灌水不当，造成田间积水或湿度过高，结露时间延长，往往导致病害大发生。因而应平整土地,排水防渍,排灌结合,避免大水漫灌,喷灌、滴灌也应适时适度。

辣椒生长的各个时期对水肥的要求不同,必须依据辣椒的生长规律进行水肥管理。苗期需水量小,因而要控制浇水,防止苗床过湿,抑制苗病发生,促进根系发育;苗期需肥量也小,需要优质农家肥和一定比例的磷、钾肥,特别是磷肥。移栽后随着植株生长,需水随之增加,但仍要适当控制,防止徒长。初花期适当施用氮、磷肥,以促进根系发育;但若氮肥施用过多,枝叶柔嫩,易生病害。盛花坐果期以后,特别是果实膨大期,需水量和需肥量增大,要多次浇水、施肥,并适当调节氮、磷、钾肥的比例,充分满足植株对水、肥的需求。棚室栽培时应避免过量施肥,否则可能出现土壤盐害。

利用大棚、日光温室等保护地设施进行反季节栽培时,应加强栽培管理,使小环境适于辣椒生长发育,不利于病虫害的发生。辣椒生长发育需要适宜的温度、湿度和充足的光照。整个生育期温度范围为12℃～35℃,低于12℃就要盖膜保温,超过35℃要通风、浇水、降温。空气相对湿度一般以60%～80%为宜。湿度过高病害发生严重,初花期湿度过高,还会造成落花。盛果期空气过于干燥,也会大量落花落果。棚室环境密闭,湿度高,光照弱,昼夜温差大,冬春夜间温度低,叶面结露时间延长,非常适合灰霉病、菌核病和多种叶病的发生。另外,棚室内温度分布不均,气温高,地温低,移栽伤根后很难愈合,增加了土壤病原菌侵入的机会,导致根病加重。深冬与初春通风排湿往往与保温相矛盾,栽培管理多以保温为主,使棚室中湿度长期偏高,更加重了病害的发生。因而棚室必须合理调控,实行生态防治,基本要求是增温增光,通风排湿。冬季低温,以保温升温为主,但也要在晴天中午气温较高时适当通风。通风时间不宜过长,以免过度降温。此期蒸发量小,要少灌水。灌水时采用膜下暗灌,晴天灌水,切忌阴天灌水。灌水后闭棚,温度升至28℃后,再打开天窗排湿。不受冻时尽量增加光照,打掉老病叶,在后墙挂反光幕(夜间要卷起)。必要时追施二氧化碳,以增强光合作用。

97. 辣椒病虫害生物防治法是什么?

生物防治法是利用有益生物(天敌)及其天然产物防治病虫害的一种方法。首先,保护、利用害虫的自然天敌。各地椒田都有丰富的天敌资源,如捕食性蜘蛛、瓢虫、草蛉、食虫蝽、螳螂、赤眼蜂、蚜茧蜂、食蚜绒螨、步甲等。其中蜘蛛的种群数量居各类天敌之首,可捕食蚜虫、烟青虫、棉铃虫的卵及 1～3 龄幼虫、蟋蟀 1～3 龄幼虫和盲椿象等多种害虫。瓢虫数量仅次于蜘蛛,主要捕食蚜虫,也可捕食棉铃虫、菜青虫的卵和幼虫。其次,可以利用昆虫工厂生产的天敌,释放寄生性、捕食性天敌动物,如赤眼蜂、瓢虫。为了充分发挥天敌的作用,要因地制宜采取有力的保护措施,辣椒与玉米间作可起到一定的作用。玉米在 5 月上中旬播种,植株高大,在椒田播种可降温增湿,改变田间小气候,招引大量天敌;椒田喷药时,天敌受到惊动后也迁移到玉米上,避免农药的杀伤,这样可使大量天敌集中在玉米上,有利于天敌集中发挥作用。此外,各辣椒产区还应注意安全用药的问题,应选用对天敌安全的杀虫剂,尽量少用广谱性、长残效农药,还要根据害虫和主要天敌的生活史,找出对害虫最有效,而对天敌杀伤较小的施药时期和施药方式。对利用价值很高的天敌昆虫,要开发人工饲养和释放技术。

目前,已有多种生物防治制剂上市,如防治棉铃虫的 B.t 乳剂和核多角体病毒制剂等。这些制剂含有能使害虫致病死亡的病原微生物,防治效果较高,使用也很方便。此外,有针对性地调节土壤环境,向土壤中添加有机质,诸如作物秸秆、腐熟的厩肥、绿肥、纤维素、木质素、几丁质等,可以提高土壤碳氮比,有利于拮抗微生物的发育,从而显著减轻根病。利用耕作和栽培措施,调节土壤酸碱度和土壤物理性状,也可以增强有益微生物对病原菌的抑制作用。

98. 辣椒病虫害物理防治法是什么?

物理防治法是用热力、光波、颜色、超声波、电磁波、核辐射以及其他物理因素来杀伤害虫或病原物的一种防治病虫害的方法。例如,辣椒温汤浸种防治疮痂病和炭疽病,就是利用热力来杀死种子传带的病原菌。

利用太阳能进行土壤消毒,是简便易行、成本较低的物理方法。在南方夏季高温期,用塑料薄膜覆盖土壤,使土壤吸收热能而升温,可以杀死土壤病菌、某些杂草种子、线虫和某些土壤害虫等。若覆盖黑色地膜,升温效果更好。多功能农用大棚薄膜,因为在制膜过程中加入了紫外线阻隔剂,使紫外线不能进入大棚内,致使一些需要紫外线刺激才能产生孢子或正常发育的病原菌受到强烈抑制,因而能显著减轻灰霉病等多种病害,但对白粉病无预防作用。

利用黄板、黄皿诱集蚜虫和温室白粉虱,利用银灰色薄膜避蚜虫等物理防治方法效果明显,且正在普遍推广。很多夜间活动的昆虫具有趋光性,可被特定波长的灯光强烈诱引。如黑光灯通电后具有诱虫作用;很强的紫外光可以诱集多种蛾类、金龟甲、蝼蛄、叶蝉等害虫加以杀灭。

99. 辣椒病虫害化学防治法是什么?

化学防治法又称药剂防治法,是使用农药防治病虫害的方法。农药具有高效、使用方便、经济效益高等优点,但使用不当可对植物产生药害,引起人、畜中毒,杀伤有益微生物和害虫天敌,导致害虫或病菌产生抗药性。农药的高残留还可造成环境污染。化学防治是常规防治方法,在面临病虫害大发生的紧急时刻是惟一有效的应急措施。

(1)农药及其剂型 防治蔬菜病虫害常用的农药有杀虫剂、杀螨剂和杀菌剂等。杀虫剂和杀螨剂是毒害昆虫或螨类机体，或通过其他途径控制其种群形成，消除其危害的药剂。最常见的作用方式有触杀作用、胃毒作用、熏蒸作用等。杀菌剂对真菌和细菌有抑制、杀死或钝化其有毒代谢产物等作用。保护性杀菌剂，应在病原菌侵入植物之前施用，可保护植物，阻止病原菌侵入。治疗性杀菌剂，能进入植物体内，抑制或者杀死已经侵入的病原菌，减轻发病，使植物恢复健康。内吸杀菌剂，兼具保护作用和治疗作用，能被植物吸收，在植物体内运输传导，有的药剂可上行（由根部向茎叶）和下行（由茎叶向根部）双向输导，但多数仅能上行输导。杀菌剂品种不同，防治病害的种类也不相同。有的品种有很强的专化性，只对特定类群的病原菌有效，这种杀菌剂称为专化杀菌剂。有些品种杀菌范围很广，称为广谱杀菌剂。

农药对有害生物的防治效果称为药效，对人、畜的毒害作用称为毒性。在施用农药后相当长的时间内，农产品和环境中残留的毒物对人、畜的毒害作用，称为残留毒性或残毒。农药对植物本身的不良作用，称为药害。农药必须加工制成特定的制剂形态，才能投入实际使用，未经加工的叫原药，加工后的叫制剂，制剂的形态称为剂型。农药中含有的杀虫、杀菌活性成分称为有效成分。通常制剂的名称包括有效成分含量、农药名称和制剂形态 3 部分。例如，70％代森锰锌可湿性粉剂即指农药名称为代森锰锌，有效成分含量为 70％，制剂为可湿性粉剂。防治蔬菜病虫害，常用的剂型有乳油（乳剂）、可湿性粉剂、颗粒剂等，较少使用的有粉剂、悬浮剂（胶悬剂）、水剂、熏蒸剂、烟雾剂等。各种剂型都需采用相适应的施药方法。同一种有效成分的原药可以加工成不同剂型、不同商品名称的农药。市场上农药的种类很多，在选择购买时，一定要认清其有效成分和剂型。

（2）施药方式 在使用农药时，需根据药剂种类、剂型和作物与病虫害特点选择适宜的施药方式，以充分发挥药效，避免药害，

尽量减少对人、畜和环境的不良影响。当前,普遍应用的施药方式有以下几种:

①喷雾　利用喷雾器将药液雾化后直接喷在植物和有害生物体表的方式,按用液量不同,又分为常量喷雾(雾滴直径 100～200 微米)、低容量喷雾(雾滴直径 50～100 微米)和超低容量喷雾(雾滴直径 15～25 微米),前两种较常用。资料中所介绍的药液浓度和用液量,凡未特别指明喷雾类型者,均指常量喷雾。低容量喷雾所用药液浓度较高,用液量较少(为常量喷雾的 1/20～1/10),功效较高。常量喷雾和低容量喷雾所用农药剂型都为乳油、可湿性粉剂、可溶性粉剂、水剂和悬浮剂(胶悬剂)等,对水配成规定浓度的药液用于喷雾。

②喷粉　利用喷粉器械喷撒粉剂的方法称为喷粉法。该法工作效率高,不受水源限制,适合大面积防治。缺点是耗药量大,易受风的影响,散布不易均匀,粉剂在茎叶上粘着性也较差。

③种子处理　常用的有拌种法、浸种法、闷种法和应用种衣剂等。种子处理用于防治种传病害,并保护种苗免受土壤中病原物侵染和害虫食害,用内吸剂处理种子还可防治地表病虫害。拌种剂(粉剂)和可湿性粉剂用于干拌法拌种;乳剂和水剂等液体药剂可用湿拌法,即加水稀释后,喷布在干种子上,把药液和种子拌和均匀再播种。浸种法是用药液浸泡种子;闷种法是用少量药液喷拌种子后堆闷一段时间再播种。利用种衣剂为种子包衣,可延长药剂的有效期。

④土壤处理　主要用于防治苗期病害、根病、地下害虫和土壤线虫等,多在播前进行。土表处理是用喷雾、喷粉、撒布毒土和颗粒剂等方法将药剂全面施于土壤表层,再翻耙到土壤中的处理方法。深层施药是直接将药剂施于较深土层的处理方法。内线磷、克线丹、苯线磷、棉隆、二氯异丙醚等杀线虫剂用穴施或沟施法进行土壤处理。另外,在生长期中有些药剂也可用撒施法和泼浇法

施药。撒施法是将颗粒剂或毒土（用药剂与具有一定湿度的细土按一定配比混匀制成的）直接撒布在植株根部周围的土壤处理方法。泼浇法是将药剂用水稀释后泼浇于植株基部的土壤处理方法。

⑤熏蒸　用熏蒸剂的有毒气体在密闭或半密闭设施中杀灭害虫和病原物的方法，多用于杀死农产品和仓库的害虫。有些熏蒸剂还用于土壤熏蒸，即用土壤注射器或土壤消毒机将液态熏蒸剂注入土壤内，在土壤中形成气体扩散。

⑥烟雾法　是一种不需用药械而以烟、雾形式施放农药的方法。烟剂是通过农药的固体微粒分散在空气中起作用，雾剂是通过农药的小液滴分散在空气中起作用。目前保护地蔬菜病虫防治所使用的烟雾剂大都是农药厂生产的定型产品，例如45％百菌清烟剂（安全型）和10％腐霉利烟剂均可用于防治棚室蔬菜灰霉病和菌核病。

⑦粉尘法　将农药加工成比一般粉剂更细的粉粒（粉尘剂），利用喷粉器施药，在温室和塑料大棚空间中形成飘尘，延长空间悬浮的时间，增加在植物体表的沉积的施药方法。粉尘法是一种新施药方法，当前应用的粉尘剂仅有百菌清、腐霉利等少数品种，主要用于防治灰霉病、白粉病、炭疽病等。粉尘法因不用液体，故不会增加温室或大棚内湿度。

⑧毒饵法　用害虫喜食的饵料与药剂按一定比例均匀混拌制成毒饵，来诱杀在地下和地面活动的害虫的一种施药方法。常用的饵料有糠麸、饼粕、豆渣、鲜草、谷物等。

(3)合理使用农药　为了充分发挥药剂的效能，做到安全、经济、高效，提倡合理使用农药。

任何农药都有一定的应用范围，即使广谱性药剂也不例外，因而要根据防治的病虫种类、发生特点和药剂性质合理选用品种与剂型，做到对症下药。当前很少有辣椒的专用药剂，在各种农药介绍和一般农技书刊上关于辣椒用药的介绍也不多。为了做到合理选用农药，除要仔细阅读农药说明书以外，还要及时请教农业技术人员，即使是防治其他蔬菜类似病虫的有效药剂，在用于辣椒之前，也应当向农业技术部门咨询。要合理规划，调剂使用不同药剂品种，既不要长期使用单一品种，也不要频繁换用新药。特别要避免赶时髦，轻率采用药效尚未证实、使用技术尚不明了的新药。任何药剂，在大面积应用之前必须先做试验或少量试用。

科学地确定用药量、施药时期和间隔天数。用药量主要取决于药剂种类，但也因作物种类和生育期不同、土壤条件和气候条件不同而有所改变。未用过的农药，应先做试验确定。喷雾法施药时，用药量有两种表示方法：一种表示方法为常量喷雾的药液浓度，用制剂的加水稀释倍数表示；另一种表示方法为单位面积（如每 667 平方米）上农药有效成分或制剂的用量（克或毫升）。常量喷雾时在该用药量下用液量（加水量）较多，药液浓度较低，低容量喷雾时用液量少而药液浓度较高。施药时期因施药方式和病虫发生规律的不同而不同。种子处理一般在播种前进行，土壤处理也大多在播种前或播种时进行。田间喷洒药剂应在病虫发生初期进行。对昆虫的一个世代来说，防治适期应以小龄幼虫期和成虫期为主；对病原菌的一次侵染来说，应在侵入前或侵染初期用药，喷药后遇雨还应及时补喷，即使喷施内吸性或治疗性杀菌剂，也应贯彻早期用药的原则；对世代发生的害虫和再侵染频繁的病害，一个生长季需多次用药，两次用药的间隔天数，主要根据药剂持效期确定。药剂的持效期是施药后对防治对象保持有效的时间。施药作业安排通常有两种方式：一种是根据田间调查和天气变化安排，对于常发性重要病虫害应进行预测预报；另一种是根据多年防治经验，设立相对固定的周年喷药历。

由于药剂使用不当而使植物受到损害的现象，称为"药害"。在施药后几小时至几天内发生明显异常现象的，称为"急性药害"；

在较长时间后才出现的称为"慢性药害"。药害主要是由于药剂选用不当,植物敏感,农药变质或杂质较多,添加剂、助剂用量不准或质量欠佳等因素造成的。另外,农药的不合理使用,例如混用不当,剂量过大,喷布不匀,两次施药间隔过短,在植物敏感期施药及环境温度过高、空气相对湿度过大等都可能造成药害,应力求避免。未曾用过的药剂,在使用前应做药害试验或少量试用观察。

要提高施药质量,施药人员要事先了解农药应用的基本知识,熟练掌握配药、喷药和药械使用技术。喷药前,合理确定作业路线、行走速度和喷幅,喷药力求均匀与周到,不要局部喷药过重,致使药液沿叶面流失,更不要漏喷。施药效果与天气条件也有密切关系,宜选择无风或微风天气喷药,一般应在午后、傍晚喷药。若气温低,有机磷药剂效果不好,可在中午前后施药。棚室中应避免在叶面有水滴时喷雾。长期连续使用单一农药品种会导致害虫和病原菌产生抗药性,降低防治效果。灰霉菌对甲基硫菌灵、苯菌灵、乙烯菌核利、腐霉利等多种杀菌剂,镰刀菌对多菌灵和甲基硫菌灵,疫霉菌对甲霜灵,螨类对三氯杀螨醇,蚜虫、夜蛾科幼虫对有机磷杀虫剂等都有产生抗药性的报道。为防止或延缓抗药性的产生,应避免长期使用单一药剂,提倡轮换使用或混合使用不同农药。对于严重杀伤天敌,从而使害虫再度猖獗的杀虫剂、杀螨剂等也要控制使用,例如酯类药剂。

农药可通过皮肤、呼吸道或口腔进入人体,引起急性中毒或慢性中毒,按其对人、畜的毒害作用,可分为特剧毒、剧毒、高毒、中毒、低毒和微毒等级别。另外,农药还能污染环境,造成农产品中农药残留超量。因此,必须严格遵守国家制定的《农药安全使用规定》,严禁在菜田使用有机氯、有机汞、呋喃丹、1059、甲胺磷以及其他禁止或限制使用的高毒、高残留农药。对施药人员应进行安全用药教育,使其事先了解所用农药的毒性、中毒后的症状、解毒方法和安全用药措施。农药的贮放、搬运、分装、配药、施药、保管诸环节都要做好防护工作。严禁随意把用后剩余农药倒在井旁、河边、草地和房前屋后,以防造成人、畜中毒。另外,还要根据无公害生产标准等文件的规定控制用药量、用药次数,遵守施药安全间隔期(即最后一次施药距蔬菜采收的天数)的规定,减少蔬菜产品中的农药残留。

100. 如何防治辣椒疫病?

(1)症状 该病苗期、成株期均可发生。苗期发病,主要危害根茎,使根茎组织腐烂、病部缢缩,幼苗倒伏,引起湿腐,枯萎死亡。定植后叶片染病,病斑圆形或近圆形,呈暗绿色水浸状,迅速扩大使叶片部分或大部分软腐,干燥后病斑变成淡褐色,叶片脱落。茎部受害产生水浸状病斑,扩展后病斑加长,后期病部变为黑褐色,皮层软化腐烂,病部以上枝叶迅速凋萎,而且易从病部折断。果实染病始于蒂部,先出现水浸状斑点,暗绿色,后病斑扩展,果皮变褐软腐,果实脱落,或失水变成僵果残留在枝上。

(2)传播途径及发病条件 该病由辣椒疫霉菌侵染所致。平均气温10℃以上,棚室内辣椒即可发病,27℃～30℃发病最快;在日照少、空气相对湿度大、土壤蒸发量小的条件下,该病菌就可侵染发病。漫灌时,极易造成严重发病。病菌可在病残体和种子上越冬,翌年直接侵染基部。辣椒(甜椒)疫病是保护地毁灭性土传病害。

(3)防治方法

①选用无病新土育苗或在床上消毒后育苗 用25%甲霜灵可湿性粉剂或75%百菌清可湿性粉剂按每平方米8克加10～15千克细土拌匀,将1/3药土施入床内,播后将2/3剩余药土覆盖。

②加强田间管理 注意通风透光,防止湿度过大。选择晴天的上午浇水,浇水后提温降湿,避免高温高湿,及时拔除病株并清除出棚室集中处理。

③药剂防治 定植后可喷 80％代森锰锌可湿性粉剂 600 倍液加以保护,15 天喷 1 次。发病初期可喷洒 40％三乙磷酸铝可湿性粉剂 200 倍液,或 75％百菌清可湿性粉剂 600 倍液,或 64％噁霜·锰锌可湿性粉剂 400～500 倍液,每 667 平方米施药液 40 千克,每隔 7～10 天喷 1 次,连续喷 2～3 次。棚室中还可使用 45％百菌清烟剂,每 667 平方米每次使用 250 克,或使用 5％百菌清粉尘剂,每 667 平方米每次喷 1 千克,隔 9 天左右施 1 次,连续防治 2～3 次。

101. 如何防治辣椒灰霉病?

(1)症状 该病在苗期、成株期均可发生。幼苗染病,子叶先端枯死,后扩展到幼茎,幼茎缢缩变细,易自病部折断枯死。发病重的幼苗成片死亡,严重的可毁棚。真叶染病时出现半圆至近圆形淡褐色轮纹斑,后期叶片或茎部均可长出灰霉,导致病部腐烂。成株染病,叶缘处先形成水浸状大斑,后变褐,形成椭圆或近圆形浅黄色轮纹斑,密布灰色霉层,严重时导致大斑连片,整叶干枯。果实染病,幼果果蒂周围局部先产生水浸状褐色病斑,后扩大且呈暗褐色,凹陷腐烂,表面产生不规则轮纹状灰色霉状物。

(2)传播途径及发病条件 该病由灰葡萄孢子真菌侵染所致。棚内低温(20℃～30℃)、高湿(90％),通风不良,栽种密度过大,管理不当,植株抗病性差时发病较重。病菌在病残体及土壤中越冬,借气流、灌溉水及农事传播,从伤口、衰老或死亡组织入侵。

(3)防治方法

①农业防治 棚室及时通风,浇水时安排在晴天上午进行,适当控制浇水量,切忌大水漫灌及浇水过量。

②喷施农药 发病初期可喷洒 50％腐霉利可湿性粉剂 1 500～2 000 倍液,或 50％乙烯菌核利可湿性粉剂 1 000 倍液,或 40％多硫悬浮剂 500 倍液,或 36％甲基硫菌灵悬浮剂 500 倍液。

还可在保护地施用 10％腐霉利烟剂,每 667 平方米每次施用 250克。或喷 5％百菌清粉尘剂,每 667 平方米每次喷 1 千克。

③用生长调节剂蘸花　甜椒蘸花时,可在生长调节剂中加入0.1％的 50％腐霉利可湿性粉剂,或 50％异菌脲可湿性粉剂,或50％乙烯菌核利可湿性粉剂或 50％多菌灵可湿性粉剂。

102. 如何防治辣椒猝倒病?

(1)症状　常见症状有烂种、死苗、猝倒。烂种是播种后,在种子尚未萌发或刚发芽时因遭病菌侵染,造成腐烂死亡。死苗是种子萌发抽出胚茎或子叶的秧苗在尚未出土前就遭病菌侵染而死亡。猝倒是秧苗出土后,真叶尚未展开前,遭病菌侵染,茎基部出现水浸状暗色病斑,继而绕茎扩展,逐渐缢缩呈细线状,秧苗地上部分因失去支撑能力而倒伏。

(2)发病规律　本病由藻状菌真菌引起。病菌以卵孢子或菌丝体在土壤或菌残组织上存活越冬。翌年遇适宜条件便产生游动孢子或芽管,从根部、茎基部侵染发病。病菌借雨水、风和流水传播,也可由带菌肥料、农具携带传病。苗床低温、高湿不利于秧苗生长,最易发病。病菌在土温为 15℃～20℃时繁殖最快,超过30℃以上即受抑制。育苗期遇阴雨或下雪后天气转晴,秧苗常发病。苗床管理不善,灌水过多,保温不良,也可发病。

(3)防治方法　①选择地势较高、排水良好的地块做苗床,床土选用无病新土,肥料要腐熟,施肥要均匀。若用旧床,应进行消毒,用 70％五氯硝基苯粉剂与 70％甲基硫菌灵可湿性粉剂等量混合,每平方米用混合药粉 8～10 克拌干细土 10～15 千克,将苗床淋透水,在苗床上撒一层拌好的药土,约占总量的 1/3,余下 2/3待种子播下后覆盖在上面。②加强苗床管理,做好保温工作,适当通风换气,不要在阴雨天浇水,保持苗床不干不湿。③药剂防治。若苗床已发现少数病苗,在拔除病苗后,可选用 75％百菌清可湿性粉剂1 000倍稀释液,或64%噁霜·锰锌可湿性粉剂500倍稀释液,或72.2%霜霉威水剂600倍稀释液,或70%五氯硝基苯粉剂500倍悬浮液,隔7～10天喷洒1次,防治1～2次。若苗床土壤湿度较大,可撒施少量草木灰加以调节。

103. 如何防治辣椒立枯病?

本病多发生在育苗中后期,俗称死苗。

(1)症状 幼茎或茎基部产生椭圆形暗褐色病斑,病部收缩细缢,茎叶萎垂枯死;稍大的秧苗白天萎蔫,夜间恢复,当病斑绕茎一周时,秧苗逐渐枯死,但不呈猝倒状。

(2)发病规律 本病由半知菌真菌引起。病菌以菌丝体在土中或病残体中越冬,腐生性强,一般在土壤中可存活2～3年。病菌随雨水和灌溉水传播,也可由农具和粪肥等携带传播。病菌生长适温为17℃～28℃。播种过密、间苗不及时,造成通风不良、温度过高时,易诱发本病。

(3)防治方法 ①加强苗床管理,注意合理通风,防止苗床或育苗盘高温高湿条件出现。②苗期喷洒0.1%～0.2%磷酸二氢钾,以增强抗病力。③如果苗床只发现立枯病,可用70%五氯硝基苯粉剂混入等量的50%福美双可湿性粉剂或40%拌种双可湿性粉剂来防治。④发病初期可施用40%甲基硫菌灵悬浮剂500倍稀释液,或5%井冈霉素水剂1 500倍稀释液,或15%恶霉灵水剂450倍稀释液。如猝倒病、立枯病并发,可用800倍72.2%霜霉威水剂和50%福美双可湿性粉剂的混合液喷淋,每隔7～10天喷1次,酌情防治2～3次。

104. 如何防治辣椒白星病?

(1)症状 该病在苗期和成株期均可发生,主要危害叶片。病斑初为圆形或近圆形,直径5毫米左右,边缘呈深褐色小斑点,稍隆起,中央白色或灰白色,其上散生黑色小粒点。病斑中间有时脱落,发病严重的造成大量落叶。

(2)发病规律 本病由半知菌真菌引起,以分生孢子器在病株残体上、混在种子上或遗留在土壤中越冬。翌年条件适宜时侵染叶片并繁殖,借风雨传播蔓延。此病在高温、高湿条件下易发病。

(3)防治方法 ①隔年轮作。②采收后及时清除病残叶集中烧毁。发病初期喷洒65%代森锌可湿性粉剂700~800倍液,或1∶1∶200波尔多液,或50%琥胶肥酸铜可湿性粉剂500倍液,或14%络氨铜水剂300倍液,或77%氢氧化铜可湿性微粒粉剂500倍液,每隔7~10天喷1次,酌情喷2~3次。

105. 如何防治辣椒白绢病?

(1)症状 该病主要危害靠近地面的茎基部。发病时,茎基部初呈暗褐色水浸状病斑,后逐渐扩大,稍凹陷,其上有白色绢丝状的菌丝体长出,呈辐射状,病斑向四周扩展,延至一圈后便引起叶片凋萎、整株枯死。病部后期生出许多茶褐色油菜籽状的菌核,茎基部表皮腐烂,致使全株茎叶萎蔫和枯死。

(2)发病规律 本病由半知菌真菌引起。病菌主要以菌核在土壤中越冬,也可以菌丝体随病残组织遗留在土中越冬。条件适宜时,菌核萌发产生菌丝,从寄主根部或近地面的茎基部直接侵入,如根茎部有伤口,更有利于侵入感染。病菌通过雨水及农事操作而传播。菌核抗逆性很强,在田间能存活5~6年,在灌水的情况下经3~4个月死亡。高温高湿有利于发病,故低洼湿地发病较重。酸性土壤有利于病害的发生。

(3)防治方法 ①与禾本科作物实行轮作,把旱地改为水田,种植水稻1年,病菌经长期浸水后逐渐被消灭。②深耕,将带菌土壤表层翻到15厘米以下,可以促使病菌死亡。③对土质过酸的土壤,每667平方米施石灰20~100千克,调节土壤酸度,抑制病害发生。④在早期病株周围灌入 50％代森铵可湿性粉剂 400 倍稀释液或撒施石灰。⑤增施磷、钾肥,避免漫灌。⑥药剂防治。田间初发病时,在植株的茎基部及其四周地面撒施 70％五氯硝基苯药土(40％五氯硝基苯粉剂 0.5 千克＋拌细土 15～25 千克),每 667平方米用 70％五氯硝基苯 1～1.5 千克,每次相隔 25～30 天,连续撒施 2 次。也可用 15％三唑酮可湿性粉剂 1 000 倍液淋施于辣椒茎基部,每次施药液 0.25 千克。

106. 如何防治辣椒病毒病?

(1)症状 该病常见有花叶、黄化、坏死和畸形 4 种症状。轻型花叶病叶初现明脉和轻微褪绿,或浓、淡绿相间的斑驳,病株无明显畸形或矮化,不造成落叶;重型花叶病除表现褪绿斑驳外,叶面凹凸不平,叶脉皱缩畸形,甚至形成线叶,生长缓慢,果实变小,严重矮化。黄化是指病叶明显变黄,出现落叶现象。坏死指病株部分组织变褐坏死,表现为条斑、顶枯、坏死斑驳及环斑等。畸形表现为病株变形,或植株矮小,分枝极多,呈丛枝状。

(2)发病规律 本病由多种病毒引起。病毒主要附着在种皮和未腐烂的病株残体上存活,可经汁液摩擦传染和蚜虫传播。病害遇高温干旱天气,不仅可促进蚜虫传毒,还会降低寄主的抗病性。

(3)防治方法 ①选无病单株留种,使种子不带毒。②实行种子消毒。将干燥种子置于 70℃恒温箱内干热处理 3～5 天,几乎可杀死全部病原。或在浸种时用药剂处理,即种子先经清水浸 2～3 小时,再用 10％磷酸钠溶液浸 20～30 分钟,捞出洗净后再继续浸种和催芽。适时播种,培育壮苗,要求秧苗株型矮壮,第一分杈具花蕾时定植,在分苗、定植前或花期分别喷洒 0.1％～0.2％硫酸锌。③采用配方施肥技术,施足基肥,勤浇水。尤其采收期需勤施肥、浇水。④喷洒 20％吗胍・乙酸铜可湿性粉剂 500 倍液,或

1.5%植病灵乳油1 000倍液,或NS-混合脂肪酸100倍液,或菇类蛋白多糖200～300倍液,每隔10天左右喷1次,酌情防治3～4次。⑤治虫防病。在蚜虫、螨类迁入辣椒地期间,及时喷洒21%氰戊·马拉松(增效)乳油6 000倍液,或2.5%溴氰菊酯乳油3 000倍液,或20%甲氰菊酯乳油2 000倍液,或2.5%氯氟氰菊酯乳油4 000倍液,或73%炔螨特乳油2 000倍液;或5%噻螨酮乳油2 000倍液。同时应杀死媒介昆虫,减少传播。

107. 如何防治辣椒根腐病?

(1)症状 该病初发时植株白天枝叶萎蔫,傍晚恢复,反复数日后整株枯死。病株的根茎部及根部皮层呈淡褐色至深褐色,腐烂,极易剥离,露出暗色的木质部。病部仅局限于根及根茎部。

(2)发病规律 本病由半知菌真菌引起。病菌以厚垣孢子、菌核或菌丝体在土壤中越冬。可通过雨水或灌溉水进行传播和蔓延。

(3)防治方法

①用次氯酸钠浸种 浸种前先用0.2%～0.5%碱液清洗种子,再用清水浸种8～12小时,捞出后放入配好的1%次氯酸钠溶液中浸5～10分钟,冲洗干净后再催芽播种。

②加强田间管理,防止田间积水 发病初期用50%多菌灵可湿性粉剂600倍液,或40%多硫悬浮剂600倍液,或50%甲基硫菌灵可湿性粉剂500倍液喷淋或灌根。每隔10天左右施1次,酌情灌2～3次。

108. 如何防治辣椒枯萎病?

(1)症状 该病多发生在开花结果初期。发病初期植株大部分叶片脱落,与地面接触的茎基部皮层呈水浸状腐烂,地表茎叶迅速凋萎。有时病部只在茎的一侧发展,形成一纵向条状坏死区,后期全株枯死。病茎和病根的表皮缢缩,易松脱,木质部亦变褐。

(2)发病规律 该病由真菌引起。病菌以厚垣孢子在土中越冬,或进行较长时间的腐生生活。在田间,主要通过灌溉水传播。病菌发育适温为24℃～28℃,最高37℃,最低17℃。该菌只危害甜椒,遇适宜条件即发病,病株经过14天死亡。潮湿或水渍田易发病,特别是雨后积水,发病更重。

(3)防治方法 ①加强田间管理。与其他作物轮作,选择适宜本地的抗病品种,合理灌溉,加强种植田的沟渠管理,尽量避免田间过湿或雨后积水。②发病初期喷洒50%多菌灵可湿性粉剂500倍液或40%多硫悬浮剂600倍液,此外也可用50%琥胶肥酸铜可湿性粉剂400倍液或14%络氨铜水剂300倍液灌根,每株施0.4～0.5千克药液,酌情施药2～3次。

109. 如何防治辣椒炭疽病?

(1)症状 该病主要危害果实,叶片、果梗也常受害。果实发病,初现水浸状黄褐色圆斑,边缘褐色,中央呈灰褐色,斑面有隆起的同心轮纹,往往由许多小点集成,小点有时为黑色,有时呈橙色。潮湿时,病斑表面溢出红色黏稠物,受害果内部组织半软腐,易干缩,致病部呈膜状,有的破裂。叶片染病,初为褪绿色水浸状斑点,后渐变为褐色,中间淡灰色,近圆形,其上轮生小点。果梗有时受害,生褐色凹陷斑,病斑不规则,干燥时往往开裂。在田间还有一种病果,症状与上述相似,但组成轮纹的小点较大、较黑。

(2)发病规律 该病由半知菌真菌引起。病菌以分生孢子附着在种子表面或以菌丝潜伏在种子内越冬,也可在土壤和病株残体上越冬。在适宜条件下产生分生孢子,借雨水或风传播蔓延,病菌多从伤口侵入,发病适宜温度为12℃～33℃,27℃为最适温度。病菌的分生孢子萌发要求空气相对湿度较高,空气相对湿度低于54%则不发病,故高温多雨发病重。排水不良、种植密度过大、施肥不当或氮肥过多、通风不好,都会加重发病和流行。成熟果和受伤果易发病。

(3)防治方法 ①选择抗病品种。凡辣味强的品种都比较抗病,一定要选择无病果留种,及早剔除病果。②种子消毒。先将种子在清水中浸泡6～12小时,再用1‰硫酸铜溶液浸5分钟,捞出后拌少量石灰或草木灰中和酸性后,再播种。或用55℃温水浸种30分钟后移入冷水中冷却后再播种。或用50%多菌灵可湿性粉剂500倍液浸1小时。③由于土壤能带菌,要避免连作,应与瓜、豆类作物进行2～3年轮作。采收后的病残株,要集中烧毁或深埋。④加强田间管理,避免栽植过密,采用配方施肥技术,雨季注意开沟排水,并预防果实日灼。⑤发病初期,喷洒40%多硫悬浮剂500倍液,或70%甲基硫菌灵可湿性粉剂600～800倍液,或50%苯菌灵可湿性粉剂1 400～1 500倍液,或80%炭疽福美可湿性粉剂800倍液,或50%苯菌灵600倍液,或65%代森锌可湿性粉剂500倍液,或1:1:200倍波尔多液等予以防治。

110. 如何防治辣椒白粉病?

(1)症状 该病仅危害叶片,老叶、嫩叶均可染病。叶面先褪色,边缘不明显,后呈淡黄色或黄绿色,最后全叶发黄,叶背面产生白色霜状霉层。病叶早落,最后仅残留顶端数片嫩叶。

(2)发病规律 本病由真菌引起。分生孢子在15℃～25℃条件下经3个月仍具有很高的萌发率。孢子萌发从寄主叶背气孔侵入。在田间,主要靠气流传播蔓延。一般在25℃～28℃、稍干燥条件下该病流行。该病白天比夜间易于传播,高温多湿的条件宜于病菌侵入。

(3)防治方法 ①选用抗病品种。②加强栽培管理。注意通风透光,提高寄主抗病力;深翻土地,减少或消除越冬菌源。③药剂防治。发病初期,喷洒15%三唑酮可湿性粉剂1 000倍液,或

50％硫磺胶剂 300 倍液,或 45％晶体石硫合剂 150 倍液,或 50％多菌灵可湿性粉剂 500～1 000 倍液。

111. 如何防治辣椒叶枯病?

(1)症状 叶片发病初呈散生的褐色小点,迅速扩大后为圆形或不规则病斑,中间灰白色,边缘暗褐色,病斑中央坏死处常脱落穿孔,病叶易脱落。一般由下向上扩展,病斑的多少决定落叶的轻重。

(2)发病规律 本病由半知菌真菌引起。以菌丝体或分生孢子丛随病残体遗落土中,或以分生孢子黏附种子越冬。以分生孢子进行初侵染和再侵染,借气流传播。施用未腐熟厩肥或旧苗床育苗、气温回升后苗床不能及时通风、温湿度过高等均易于发病。田间管理不当,偏施氮肥,植株前期生长过盛或田间积水也易发病。

(3)防治方法 ①加强苗床管理。用腐熟厩肥做基肥,及时通风,控制苗床温湿度,培育无病壮苗。②实行轮作,及时清除病残体。③合理使用氮肥,增施磷、钾肥。④发病初期喷洒 64％噁霜·锰锌可湿性粉剂 500 倍液,或 50％甲霜·铜可湿性粉剂 600 倍液,或 40％多硫悬浮剂 600 倍液,或 50％甲霜灵锰锌可湿性粉剂 500 倍液,或 1∶1∶200 倍波尔多液,隔 7～10 天施药 1 次,酌情防治 2～3 次。

112. 如何防治辣椒褐斑病?

(1)症状 该病主要危害叶片,叶片上形成圆形或近圆形病斑,初为褐色,后逐渐变为灰褐色,表面稍隆起,周缘有黄色的晕圈,病斑中央有一个浅灰色中心,四周黑褐色,严重时病叶变黄脱落。茎部也可染病。

(2)发病规律 本病由半知菌真菌引起。病菌可在种子上越冬,也可以菌丝体在病残体上或以菌丝在病叶上越冬,高温高湿持续时间长,有利于该病扩展。

(3)防治方法 ①采收后彻底清除病残株及落叶,集中烧毁。②与其他蔬菜进行轮作。③发病初期喷1∶1∶200倍波尔多液或65%代森锌可湿性粉剂500～600倍液。

113. 如何防治辣椒菌核病?

菌核病是大棚和温室多种蔬菜的重要病害,在辣椒苗期和成株期都能发病。病原菌可以在土壤中长期生存并随土壤和病残体传播,具有这种特点的病害通称"土壤病害"或"土传病害",一旦发生,很难防治。保护地辣椒或其他蔬菜发病后,若防治不力,病原菌在土壤中逐季积累,病情猛增,造成毁灭性损失,只能弃种或换土。

(1)症状 辣椒苗期发病,在幼茎靠近地面的部位,产生水浸状黄褐色病斑,扩大后色泽加深,可环绕幼茎一周,软腐,通常无恶臭,干燥后呈灰白色。幼苗立枯状死亡或由病斑处折断倒伏。病叶叶缘呈水浸状,发展成为淡褐色病斑,最后腐烂脱落。成株常在茎秆上或枝条分杈处产生褐色水浸状病斑并迅速扩大。病斑处皮层软腐,木质部也变褐色。干燥后表皮破裂,纤维外露,常造成整个植株或1～2个分枝凋萎死亡。果实多从蒂部开始发病,生褐色病斑,有时出现深褐色与浅褐色相间的轮纹,病部向果面扩展,果实全部或部分软腐;潮湿时,幼苗和成株各处病斑产生白色棉絮状物(病原菌的菌丝体),这是重要的鉴别特征。本病的另一鉴别特征是在各发病部位,特别是病茎髓部、病果果面和果内空腔中,产生许多坚硬的黑色鼠粪状物,被称为"菌核"。菌核是病原菌的一种休眠体,用以度过非生长季节。本病正是由于病株可产生菌核而被命名为"菌核病"。

(2)发病规律 病原菌的菌核和带菌病残体可以混入土壤、有机肥中,甚至可以夹杂在种子中进行有效地传播,进入无病苗床、大棚和温室中。最初田间出现少数病株,逐渐增多,逐年加重。在已有菌核病发生的棚室中,表层土壤中的菌核和上一季病株的残体是主要初侵染菌源。菌核需经过一段低温休眠期,方能萌发和侵染植物。若土壤持水量达80%以上且持续湿润,菌核萌发后产生子囊盘和子囊孢子。子囊孢子成熟后被放射到空中并被风吹散,降落在植株的花器、叶腋、嫩梢、枝杈或其他部位,侵入并引起发病。在土壤湿度较低的条件下,菌核萌发产生菌丝,土壤中的带菌病残体也长出菌丝。菌丝向周围扩展,接触并侵入幼嫩的茎部,或植株底部衰弱的老叶。菌核在土壤中至少存活3年以上,它们并不在同一时间萌发,而是参差不齐,持续一段相当长的时期,从而大大提高侵染概率。在潮湿的环境中,病株上产生白色絮状菌丝,通过与健株接触、农事操作和工具等传播,引起再侵染。

菌核病是塑料大棚、温室等设施栽培辣椒的重要病害。与寄主植物连作、套种或间作时,菌源增多,发病重。辣椒栽植密度大,偏施氮肥,田间郁闭也导致发病加重。病原菌可在植株下部老叶、黄叶、病叶上存活繁殖,积累菌量,若不及时清理,也有利于发病。在冬、春低温季节,凡导致土壤和空气湿度升高、光照减弱的因素均有利于发病。在开花结果期,灌水次数增多,灌水量增大,有利于菌核萌发和产生子囊孢子,从而对花器进行侵染,至盛果期达到发病高峰。

(3)防治方法

①铲除菌源 发病露地和棚室应换种禾本科作物或其他非寄主植物,或更换土壤,以彻底解决菌核病问题。菌核在土壤中可存活多年,需要3年以上轮作,方能奏效。因此,轮作不易实施,而换土成本又较高,可选择应用以下减少菌源的办法:

一是深翻。病田深翻30～40厘米以上,将菌核翻入下层土壤。

二是淹水。菜田淹水 1～2 厘米,保持水层 18～30 天,可以杀死大部分土表菌核。夏季天气炎热时淹水效果更好。

三是土壤药剂处理。育苗前或定植前每 667 平方米施用 40％五氯硝基苯粉剂 2 千克,或每 667 平方米施用 50％腐霉利可湿性粉剂 2 千克。

②生长期药剂防治　发病初期及时喷药防治,可喷 50％腐霉利可湿性粉剂 1 000 倍液,或 50％异菌脲可湿性粉剂 1 000 倍液,或 70％甲基硫菌灵可湿性粉剂 800～1 000 倍液,或 50％多菌灵可湿性粉剂 500 倍液。以后视病情发展,确定喷药次数。若连续喷药,两次喷药需间隔 7～10 天。生长早期,需在植株基部和地表重点喷雾,开花期后转至植株上部。棚室发病初期还可用 10％腐霉利烟剂或 45％百菌清烟剂熏烟防治,每 667 平方米每次用药 250克,连续熏烟 2～3 次。

③栽培防治　冬春棚室要采取加温措施,合理通风,控制浇水量,以增温降湿。多施基肥,避免偏施氮肥,增施磷、钾肥,防止植株徒长,提高抗病能力。出现病株后应及时拔除,并摘除黄叶、老叶,以利于通风透光,降低湿度和减少菌源。

114. 如何防治辣椒早疫病?

(1)症状　该病主要危害叶片和茎。叶上病斑呈圆形,黑褐色,有同心轮纹,潮湿时有黑色霉层。茎受害,有褐色凹陷椭圆形轮纹斑,表面生有黑霉。

(2)发病规律　该病为真菌病害。病菌随病株残体在土壤中或在种子上越冬。翌年春天由风、雨、昆虫传播,从植株的气孔、表皮或伤口侵入。在 26℃～28℃的高温环境下,空气相对湿度 85％以上时易发病流行。北方炎夏多雨季节及保护地内通风不良时发病严重。

(3)防治方法　①选用抗病品种。②在无病区或无病植株上留种,防止种子带菌。带菌种子可用 55℃温汤浸泡 10 分钟。③实行两年以上的轮作。④在无病区育苗,或用无土育苗技术,防止秧苗带病。有病苗床,可用药剂消毒,方法同猝倒病。⑤加强田间管理。适当灌水,雨季及时排水,降低田间湿度。保护地内要加强通风,适当降低温、湿度。⑥保护地内可用 45％百菌清烟剂熏治,每 667 平方米用药 250～300 克。⑦发病初期可用 50％异菌脲1 000 倍液,或 50％托布津 600 倍液,47％春雷·王铜 800～1 000倍液,77％氢氧化铜 500～750 倍液,上述药剂可任选其一,或交替应用,每 7～10 天喷 1 次,连喷 2～3 次。

115. 如何防治辣椒日灼病?

甜椒日灼病是甜椒常发生的一种生理病害。

(1)症状 该病是由于强烈阳光直射所致,症状只出现在裸露果实的向阳面上。发病初期病部褪色,略微皱褶,呈灰白色或微黄色。病部果肉失水变薄,近革质,半透明,组织坏死发硬绷紧,易破裂。后期病部为病菌或腐生菌类感染,长出黑色、灰色、粉红色或杂色霉层,病果易腐烂。

(2)传播途径及发病条件 日灼病属生理性病害,主要是由阳光灼烧果实表皮细胞,引起水分代谢失调所致。引起日灼的根本原因是叶片遮荫不好,植株株型不好。土壤缺水,天气过度干热,雨后暴晴,土壤黏重,低洼积水等均可引起发病。植株因水分蒸腾不平衡,引起涝性干旱等因素也可诱发日灼。在病毒病发生较重的田块、因疫病等引起死株较多的地块、过度稀植等,日灼病尤为严重。钙素在辣椒水分代谢中起重要作用。土壤中钙质淋溶损失较大,施氮过多引起钙质吸收障碍等,这和日灼病的发生有一定关系。

(3)防治方法

①合理密植和间作 大垄双行密植,可使植株相互遮荫,减少

果实在阳光下暴露。与玉米、高粱等高秆作物间作,利用高秆作物的遮荫作用减轻日灼危害的同时,还可改善田间小气候,增加空气相对湿度,减轻干热风的危害。具体做法参照病毒病防治的有关内容。

②合理灌水 结果盛期以后,应小水勤灌,上午浇水,避免下午浇水。特别是黏性土壤,应防止浇水过多而造成的缺氧性干旱。

③根外施肥 着果后施用 0.1% 硝酸钙,每 10 天左右施 1次,连施 2～3 次。

④使用遮阳网 可用黑色遮阳网遮盖,减少强光刺激。

116. 如何防治辣椒蒂腐果?

(1)发病原因 露地栽培和温室栽培的甜椒,在生长发育时期常发生蒂腐果。甜椒蒂腐果与番茄蒂腐果一样,都是由于缺钙引起的。高温、干燥、多肥、多钾等都会使钙的吸收受到阻碍,产生蒂腐果。植株生长能吸收到充足的钙,但植株生长过旺,钙都被分配到叶芽中,果实中只分配到少量的钙,在这种情况下也会产生蒂腐病。

(2)防治方法 土壤要适宜根系的发育。扎根深才能很好地吸收钙。多施有机肥,使钙处于容易被吸收的状态。

117. 如何防治辣椒僵果?

辣椒在生长过程中,由于受到低温、干旱等不良气候条件的影响,引起长期营养失调,将形成僵果、畸形果,可减产 30%～60%以上。

(1)症状 僵果又叫石果、单性果或雌性果。早期僵果呈小柿饼形,后期果实呈草莓形,直径 2 厘米,长 1.5 厘米左右,皮厚肉硬,色泽光亮,柄长,剖开室内无籽或少籽,无辣味,果实不膨大,环境适宜后僵果也不发育。

(2)发生原因 僵果主要在花芽分化期形成,即播种后 35 天左右,植株受干旱、病害、温度(13℃以下和 35℃以上)影响,雌蕊由于营养供应失衡而形成短柱头花,花粉不能正常生长和散发,雌蕊不能正常受精,即着生成单性果。此果缺乏生长刺激素,影响了对锌、硼、钾等果实膨大元素的吸收,故果实不膨大,久之形成僵化果。

(3)发生规律 越冬辣椒结果期正值寒冷季节,但在华北地区,12 月至翌年 4 月,温室内白天温度高达 35℃～40℃,下半夜却只有 6℃～8℃,因此易发生僵果。同一温室内,辣椒定植深,主根长,吸收力强,距山墙较近的地方,夜间受冻害轻;水分营养充足,雌蕊形成长柱头花,受精完全,着生成长角辣椒。否则,整株、整枝或部分果实会因受精不完全而形成畸形果,未受精者成僵果。影响授粉受精的主要外界因素是温度,其次是光照、湿度、病害、药害和水分;生理因素是营养失调。低温是影响受精最主要的因素,应保证夜间温度在 15℃以上。即使在严寒的冬季,温室内也会出现短暂的白天高温和夜间低温现象。因辣椒授粉受精适温范围窄,如不及时调控,就会受精不良,产生变形果或僵果。另外,植株受肥害会造成矮化,受药害会造成僵化,高温高湿造成徒长,通风不良可造成严重的落花落果,僵果多,且持续时间长,一般受害一次要持续 15 天左右出现僵果。土壤 pH 值 8 以上,植物病毒干扰植物体中的内在物(营养物质激素等)不能正常运转时,同样会受害形成僵果。

(4)防治措施 越冬辣椒定植时,宜将营养钵土坨置于地平面以下与地面相平,然后覆土 3～5 厘米。在花芽分化期要防止受旱,其他时间控水促根,以防形成不正常花器。必须在 2～4 片真叶时分苗,谨防分苗过迟破坏根系,影响花芽分化时养分供应,造成瘦小花和不完全花。分苗时用硫酸锌 700～1 000 倍液浇根,以增加根系长度和提高根系生长速度,提高吸收和抗逆能力。花芽分化期和授粉受精期室温白天严格控制在 23℃～30℃,夜间 15℃～18℃,地温 17℃～26℃,土壤含水量相当于持水量的 55%,光照 1.5 万～3 万勒克斯,pH 值 5.6～6.8。选用冬性强品种,如羊角王、太原 22、湘研 15 号等。

118. 如何防治辣椒黑斑病?

(1)症状 黑斑病菌主要侵染果实。病斑初显淡褐色,不规则,稍凹陷。一般 1 个果实上只生 1 个病斑,直径为 10～20 厘米,上生黑色霉层,即病菌的分生孢子梗及分生孢子。有时病斑愈合,形成较大的病斑。

(2)发病规律 黑斑病菌属真菌,半知菌类,暗梗孢科,交链孢霉属,细交链孢霉。

(3)传播途径与发病条件 黑斑病菌以菌丝体或分生孢子在病残体,或以分生孢子在病组织外,或附着在种子表面越冬,成为翌年的初侵染源。黑斑病菌借气流或雨水传播,分生孢子萌发可直接侵染。出现症状后,很快形成分生孢子进行再侵染。种子带菌是远距离传播的重要途径。其发病与日灼病有联系,多发生在日灼处。

(4)防治措施

①防止发生日灼病。②播种前用清水浸种 8～12 小时,捞出后再用 1% 次氯酸钠水液浸泡 5～10 分钟,冲洗干净后稍干或催芽播种。③实行 3 年轮作,清除病残体,并进行秋季深翻。④发病初期喷洒 50% 甲霜灵锰锌可湿性粉剂 500 倍液,或 75% 百菌清可湿性粉剂 600 倍液,或 64% 噁霜灵可湿性粉剂 500 倍液,或 40% 克菌丹可湿性粉剂 400 倍液。每 7～10 天喷 1 次,共喷 2～3 次。

119. 如何防治辣椒黑霉病?

(1)症状 该病主要危害果实。一般先从果顶开始发病,也有从果面开始的,初病部位颜色变浅,无光泽,果面逐渐收缩,并生有茂密的墨绿色或黑色绒状霉,即病原菌。

(2)发病规律 多在果实近成熟或成熟期发病,高湿条件下可见被害叶片。

(3)防治措施 结合防治炭疽病喷洒50％琥胶肥酸铜可湿性粉剂500倍液或14％络氨铜水剂300倍液进行兼治。病情严重时,也可单独喷洒75％百菌清可湿性粉剂500倍液或58％甲霜灵锰锌可湿性粉剂500倍液。

120. 如何防治辣椒疮痂病?

(1)症状 该病秧苗期和成株期均可发生,可危害茎、叶、花。叶片染病,初现许多圆形或不整齐水浸状斑点,墨绿色至黄褐色,稍隆起,病斑常多个连合引起叶片变黄枯萎而脱落;茎上染病,初生水浸状不规则条斑,后木栓化或纵裂为疮痂状;果实染病,出现圆形或长圆形病斑,稍隆起,墨绿色,后期木栓化。

(2)发病规律 该病由细菌引起。病菌在种子表面或病残体上越冬,作为初侵染源,借雨水、灌溉水在田间传播,并可随种子作远距离传播。高温高湿有利于病害流行。连作地病菌数量多,发病重。温水浸种10分钟,也可用52℃温水浸种30分钟后移入冷水中冷却再催芽或播种。

(3)防治方法 ①采用无菌种子,选择无病株或无病果留种。②种子消毒。一般将种子在清水中浸泡6～10小时,再用1％硫酸铜溶液浸5分钟,捞出后拌少量草木灰或消石灰,中和酸性后再播种,或用55℃温水浸种10分钟,也可用52℃温水浸种30分钟后移入冷水中冷却再催芽播种。③实行2～3年轮作,并结合深耕,使病残体腐烂,加速病菌死亡。④药剂防治。发病初期喷洒60％琥·乙磷铝(DTM)可湿性粉剂500倍液,或新植霉素4 000～5 000倍液,或72％农用硫酸链霉素可溶性粉剂4 000倍液,或

14%络氨铜水剂 300 倍液,或 77%氢氧化铜可湿性微粒粉剂 500倍液或 1:1:200 倍波尔多液,每隔 7~10 天喷 1 次,酌情喷施2~3 次。

121. 如何防治辣椒细菌性叶斑病?

(1)症状 该病主要危害叶片,初呈黄绿色不规则水浸状小斑点,后扩大变为红褐色或深褐色至铁锈色,病斑膜质,大小不等。干燥时,病斑多呈红褐色。该病一经侵染,扩展速度很快,一株上个别叶片或多数叶片发病,植株仍可生长,严重时叶片大量脱落。细菌性叶斑病病斑交界处明显,但不隆起,可区别于疮痂病。

(2)发病规律 本病由细菌引起。病菌可在种子及病残体上越冬,在田间借风雨或灌溉水传播,从叶片伤口侵入。与十字花科蔬菜连作发病重,雨后易见该病扩展。

(3)防治方法 ①与非十字花科蔬菜实行 2~3 年的轮作。②采用高厢深沟种植,雨后及时排水,避免大水漫灌。③种子消毒。用相当于种子重量 0.3%的 70%敌磺钠可湿性粉剂拌种。④采收后及时清理病残株。⑤发病初期喷洒 50%琥胶肥酸铜可湿性粉剂 500 倍液,或 14%络氨铜水剂 300 倍液,或 77%氢氧化铜可湿性粉剂 400~500 倍液,或 1:1:200 波尔多液,或 72%农用硫酸链霉素可溶性粉剂 4 000 倍液,隔 10 天左右施药 1 次,酌情施药2~3次。

122. 如何防治辣椒软腐病?

(1)症状 该病主要危害果实,多从虫咬伤或其他伤口处侵入,果皮初呈水浸状暗绿色病斑,后变成暗褐色,不久果实全部腐烂发臭。后期病果脱落,或挂在枝上,干枯呈白色。

(2)发病规律 该病为细菌性病害。病菌在种子上或随病株残体在土壤中越冬。翌年春天借风雨反溅,从机械伤口、日灼伤口等处侵入,也可随害虫的咬伤侵入。病菌生育适温为 30℃～35℃,在高温、高湿时易发病。此外,虫害严重、地势低洼、排水不良、过度密植、氮肥过多、管理粗放、机械伤口多、保护地内通风不良、贮运期高温高湿等因素均会造成病害流行。

(3)防治方法　①在无病区或无病植株上留种。带菌的种子用 55℃的温汤浸种消毒。②与非感病作物实行 3 年以上的轮作。③在无病区育苗,或用无土育苗技术。④及时防治虫害,减少虫咬伤。⑤合理密植,合理施肥,防止茎叶徒长,改善通风透光条件;适当灌水,雨季加强排水,以降低田间湿度。⑥及时将病果、病叶、病株挑出,深埋或烧毁,减少病源。⑦贮运期间剔除病果,保持通风阴凉条件。⑧发病初可用 72%农用链霉素 4 000 倍液,或新植霉素 4 000 倍液,或多菌灵 300 倍液,或百菌清 500 倍液,或 72.2%霜霉威 600 倍液,上述药任选其一,或交替应用,每 10 天喷 1 次,连喷 3 次。

123. 如何防治辣椒青枯病?

(1)症状　发病初期仅个别枝条的叶片萎蔫,且在傍晚时可以恢复,后扩展至整株,导致全株死亡。枯死叶片不脱落,叶片呈淡绿色。病茎外表症状不明显,纵剖茎部维管束变为褐色,横切面保湿后可见乳白色黏液溢出,可以此区别于枯萎病。

(2)发病规律　该病由细菌引起。病菌随病残体遗留在土壤中越冬,翌年通过雨水、灌溉水及昆虫传播,多从植株根部、茎部的皮孔或伤口侵入,前期处于潜伏状态,辣椒坐果后,若条件适宜,该菌在植株体内繁殖,向上扩展,致使茎叶变褐萎蔫。土温是发病的重要条件,当土温达到 20℃～25℃,气温为 30℃～35℃,田间易出现发病高峰。大雨后放晴,气温急剧升高,湿气、热气蒸腾量大,更易促成该病流行。此外,连作地、酸性土壤、低洼排水不良地块均易于发病。

(3)防治方法 ①与禾本科作物实行 5～6 年轮作。②整地时,每 667 平方米施石灰 300～1 000 千克,与土壤混合后,达到调节土壤酸度的目的,抑制病害发生。③选用抗病品种并改进栽培技术,用营养钵育苗,做到少伤根,培育壮苗,提高抗病力。④发病初期,预防性喷淋 14％络氨铜水剂 300 倍液,或 77％氢氧化铜可湿性微粒粉剂 500 倍液,或 72％农用硫酸链霉素可溶性粉剂 4 000 倍液,隔 7～10 天喷淋 1 次,酌情喷施 3～4 次。

124. 如何防治辣椒沤根?

(1)症状 根部不发新根,根皮腐烂,秧苗萎蔫,并容易拔起。

(2)发病规律 该病为生理性病害,原因是苗床低温、高湿和光照不足。

(3)防治方法 ①采取温床育苗。②根据天气变化,采取保温、防雨措施。③施肥要均匀,不施未腐熟肥料。

125. 种植辣椒应选用哪些除草剂?

化学除草剂是一类特殊的制剂,其适用作物及杀草范围有很强的选择性,辣椒田使用时应严格选择,防止错用或误用造成危害。

敌草胺用于苗床相对安全,主要防除禾本科杂草。可以在播后苗前每 667 平方米用 20％敌草胺乳油 150～200 毫升加水 50升喷雾,沙土地每 667 平方米用药量 120 毫升。应浇足底水,保持土表湿润。

辣椒移栽前适用的常用除草剂有氟乐灵、二甲戊乐灵、噁草酮、异丙隆等,应根据田间草相选择合适的药剂。

氟乐灵是一种芽前除草剂,杂草长出后效果很差,对 1 年生禾本科杂草如马唐、狗尾草等防效在 95％以上,对阔叶杂草防治效果较差。移栽田在移栽苗前、直播田在播种前进行土壤处理,每

667 平方米用 48％氟乐灵 200 毫升对水 50 升,均匀喷洒地表,不能漏喷、重喷,喷后立即浅耙地,使药、土充分混合,在地表形成一层均匀的药膜,然后覆盖地膜。

对未喷除草剂的地块在生长期间发生草害的,每 667 平方米用 20％稀禾啶乳油 80 毫升对水 50 升喷雾,对 1 年生禾本科杂草有较好的防效,对辣椒安全性好。一般杂草喷药后 3 天停止生长,7 天叶片褪色,2～3 周内全株枯死,喷后遇雨基本上不影响药效。

禾本科杂草、莎草和阔叶杂草 3 类杂草混生的田块,可以使用乙氧氟草醚、噁草酮或一些复配剂如旱草灵(乙草胺与乙氧氟草醚的复配剂)等药剂。覆膜移栽田一般应在喷药后 2～3 天再覆膜,然后移栽辣椒,以防止药害。

需要注意的是,喷过除草剂的药械必须用热碱水反复清洗,以防残存药剂对其他作物造成危害。

126. 如何防治辣椒烟青虫?

(1)症状 该虫主要为害辣椒、烟草、棉花、番茄、甘蓝、向日葵、南瓜、苋菜等,以辣椒受害最为严重。以幼虫蛀食寄主的蕾、花、果实为主,造成落蕾、落花、落果或虫果腐烂。如不防治,蛀果率达 30％,高的可达 80％。有时也为害嫩叶和嫩茎,食成孔洞。

(2)形态特征 烟青虫属鳞翅目,夜蛾科。与棉铃虫极近似,但不同的是烟青虫成虫体色较黄,前翅上各线纹清晰,后翅棕黑色,宽带中段内侧有一棕黑线,外侧稍内凹。幼虫两根前胸侧毛的连线远离前胸气门下端,体表小刺较短。蛹体前段显得粗短,气门小而低,很少突起。

(3)发生规律 四川省 1 年平均发生 6 代,以蛹在辣椒地表土下做土室越冬。虫蛹越冬后,5～6 月羽化为成虫。成虫喜昼伏夜出,对黑光灯趋向性强,对新枯萎的杨树、臭椿、柳树等的树枝有较强趋向性,同时对草酸、蚁酸类化合物亦有较强趋向性。成虫交尾后,经 2～3 天即在蔬菜的果蒂、嫩叶、嫩梢等处产卵,卵散产。初孵幼虫先食卵壳,然后在嫩叶或小蕾处取食,呈小凹斑;2 龄后即蛀食蕾、花、果,造成"张口蕾"脱落,食空幼果或使大果形成孔洞,严重时腐烂、脱落。幼虫可吐丝下垂转移为害,自身具有假死性和自残性。老熟幼虫入土化蛹。在大面积的棉田和烟田附近的菜园易受害。每条幼虫一生可为害 10 个果实左右。

(4)防治方法 ①栽烟草诱集越冬代成虫产卵。因越冬代成虫对烟草有较强的趋向性,可诱集越冬代成虫产卵,以利于集中消灭。还可用黑光灯或杨树枝诱杀成虫。②冬季翻耕灭蛹,减少来年的虫口基数。③人工摘除虫蛀果,以免幼虫转果为害。④抓住防治适期,及时喷药防治。6 月上中旬防治第一代幼虫,7 月中旬至 8 月下旬防治第二、第三代幼虫,9～10 月根据虫情发展和为害情况确定防治第四、第五代幼虫。可选用 21%氰戊·马拉松(增效)乳油 6 000 倍液,或 2.5%氯氟氰菊酯乳油 5 000 倍液,或 2.5%联苯菊酯乳油 3 000 倍液,或 20%氰戊菊酯乳油 3 000 倍液,或 2.5%溴氰菊酯乳油 3 000 倍液喷雾,防治效果良好。喷药应在幼虫 3 龄之前进行,否则防效降低。

127. 如何防治辣椒朱砂叶螨?

(1)症状 朱砂叶螨为多食性螨类,为害茄科、豆科、葫芦科及百合科等多种蔬菜。成螨和若螨均在叶背吸食汁液。茄子、辣椒叶片受害,开始出现白色小点,后变灰白色;果实受害使果皮粗糙呈灰色,豆类、瓜类受害,叶片出现枯黄色或红色细斑,严重时全田枯黄带红色,如火烧一样,可使叶片脱落、植株早衰,缩短结果期,影响产量。

(2)形态特征 朱砂叶螨又名棉红叶螨、茄子红蜘蛛,属蛛形纲,蜱螨目,叶螨科。雌成螨体长 0.4～0.5 毫米,椭圆形,体色有红色、锈红色等,体背两侧有大型暗色斑块,体背生长刚毛,4 对足略等长。雄螨体长 0.4 毫米,长圆形,腹末略尖。卵圆球形,直径 0.1 毫米,体黄绿色至橙红色,有光泽。幼螨体长 0.15 毫米,近圆形,较透明,足 3 对,取食后体变绿色。若螨体长 0.21 毫米,足 4 对,体色较深,体侧出现明显斑块。

(3)发生规律 朱砂叶螨在长江流域 1 年发生 15～18 代。每年 4～5 月份迁入菜田,6～9 月份陆续发生为害,以 6～7 月份发生最重。朱砂叶螨常群集叶背基部,沿叶脉扩散并吐丝结网。虫量大时常集结成球,随风扩散。该螨除两性生殖外,可营孤雌生殖,繁殖力强。该螨初发时先在田边点连片发生,逐步向田中央扩散,直至全田。朱砂叶螨喜高温干旱环境,故干旱年份易发,田间杂草多,往往发生重。

(4)防治方法 ①选用无螨秧苗栽培。茄子、辣椒选用早熟品种,避开螨害发生高峰。清除田间杂草。②对有螨(卵)株率达 30%,百株螨(卵)量 100 条以上的菜园,应用药剂防治,可用 1.8%阿维菌素 4 000 倍液,或 5%噻螨酮乳油,或 15%达螨灵乳油,或 5%氟虫脲乳油 2 000 倍液喷雾。③可用 20%复方浏阳霉素乳油 1 000 倍液喷雾。

128. 如何防治辣椒地老虎?

(1)症状 幼虫将辣椒幼苗近地面的基部咬断,使整株死亡,造成缺株。

(2)形态特征 地老虎又名土蚕、地蚕、黑土蚕、黑地蚕,是一种分布广、为害极重的地下害虫,食性最杂。幼虫灰褐色至黑褐色,体表粗糙有颗粒。老熟幼虫体长约 50 毫米。成虫是暗褐色的蛾子,体长约 20 毫米,翅展约 45 毫米。前翅有两对"之"字形横纹,翅中部有黑色肾形纹,外侧有 3 个三角形黑斑。后翅灰白色。

(3)发生规律 1 年发生 4～5 代,以幼虫和蛹在土中越冬。一般以第一代于 3～6 月为害春播作物最重。成虫有取食花蜜的习性和趋光性,喜在疏松、较湿的环境(鹅儿肠、清明菜等杂草上或土缝内)中产卵。初孵化的幼虫群集在心叶及幼嫩部分为害。3龄开始入土,此时食量小,4龄后食量大增,白天潜入表土,夜间四处活动,尤其在天刚亮露水多的时候为害最凶。老熟幼虫有假死习性,受惊缩成环形。

(4)防治方法 ①早春消除田间四周杂草,减少地老虎产卵场所,杀死虫卵和初孵幼虫。②疏沟排水,降低土壤湿度,不利于地老虎幼虫生存。③人工捕杀。每天清晨查苗,发现断苗后,可扒开表土捕杀,连续进行 5～6 天。④诱杀防治。用红糖 6 份、醋 3 份、白酒 1 份、水 10 份、90%敌百虫 1 份调匀,在成虫发生期设置,均有诱杀效果。也可用某些发酵变酸的食物,如甘薯、烂水果等加入适量药剂,诱杀成虫。每 667 平方米辣椒地均匀放置 70～90 片湿泡桐树叶诱集,翌日清晨在泡桐树叶下收集幼虫进行杀灭,也可用地老虎喜食的灰菜、刺儿菜、苦荬菜、小旋花、苜蓿、艾蒿等杂草堆放诱集地老虎幼虫。⑤药剂防治。地老虎 1～3 龄幼虫抗药性差,且暴露在寄主植物或地面上,是药剂防治的最适期。可选用 21%氰戊·马拉松(增效)乳油 6 000 倍液,或 2.5%溴氰菊酯乳油或20%氰戊菊酯乳油 3 000 倍液,或 20%氰戊·马拉松乳油 3 000 倍液,或 90%晶体敌百虫 800 倍液喷杀。

129. 如何防治辣椒蚜虫?

蚜虫主要有桃蚜、菜缢管蚜和甘蓝蚜三种,其分布面很广。最多是桃蚜。蚜虫有许多俗名,如蜜虫子、腻虫子,对虫害的症状称为招蜜。在寄主上发生的虫害,经常是两种或三种共生,群集在一起吸食植物汁液,使寄主叶片皱缩、矮化、停止生长,严重者死亡。同时,蚜虫还可传播多种病毒,加重病情。

(1)形态与习性 蚜虫分有翅胎生雌蚜、无翅胎生雌蚜卵、有翅雄蚜、干母等多种虫态。冬、春两季在寄主和越冬寄主上来回迁飞的是有翅雄蚜,在生活寄主上一代产生的是无翅雌蚜,卵多产在越冬寄主上的皮缝或裂缝中。有翅胎生雌蚜中,桃蚜较大一些,身长约 2 毫米,菜缢管蚜则小一些,身长约 1.7 毫米;无翅胎生雌蚜中,桃蚜也较大,身长约 2 毫米,菜缢管蚜虫较小,身长约 1.8 毫米。蚜虫体色除基本色调外,头、胸为黑色,腹色由绿到褐,并受食料、温度等环境条件的影响而变化。

(2)生活习性 桃蚜的年发生代数较多,在北方为 20 代以上,世代重叠现象很突出。菜缢管蚜发生代数较少,每年 10～20 代,世代重叠现象明显。桃蚜有留守型和迁移型性两种。留守型一年四季迁出迁入都在菜田范围中,迁移型则冬季多在桃树上交尾产卵和早春为害,以后迁入菜田度过 5 月份至 10 月份的温暖季节。菜缢管蚜是留守型的,一年四季始终在菜田和菜窖中度过。蚜虫对黄色、米黄色、土黄色和橘黄色有明显的正趋向性,而对白色、灰色和银灰色,尤其对银灰色有强烈的负趋向性,也就是回避性。设置银灰色反光条带的菜田与不设银灰色反光条带的正常菜田比较,蚜虫量可减少 40%～65%,除对直接减轻为害有积极作用外,对减少蚜虫传染病毒的感染也有明显的作用。

(3)防治方法 ①农业防治。包括及时多次清除田间杂草(尤其是秋末至初春)、选用抗虫品种,及时防治大棚、温室蚜虫。有条件时利用喷灌,及时清理越冬场所等。②冷纱育苗。在早春和秋季进行蔬菜育苗时,播种后在育苗畦上覆盖 40～45 筛目的白色或银灰色网纱,可杜绝蚜虫接触辣椒苗,减少辣椒的蚜害,对秋季白菜减轻病毒病也有明显效果。③利用天敌。在田间自然存在的天敌不少,例如多种食蚜瓢虫、蚜茧蜂、食蚜蝇、草蛉等。蚜虫的天敌昆虫和蚜霉菌的利用不可忽视。④银灰膜驱蚜。田间辣椒生长季节,可利用剪裁成 5 厘米宽的银灰色塑料膜条,拉挂于田间架杆或铺放于行间,有明显减少蚜量的效果。此外,结合田间银灰色驱蚜,在地头地边设置刷有不干胶的黄板(黄塑膜或黄纸箱片)诱蚜

粘杀,效果更好。⑤药剂防治。用净叶宝Ⅱ号 1 500 倍液,或 20％
阿维·辛乳油 2 500 倍液,或 10％氯氰菊酯 4 000 倍液,或 50％抗
蚜威 2 000 倍液,或 50％溴氰菊酯 3 000 倍液,或氰戊菊酯 3 000～
4 000 倍液,或氯氰菊酯 5 000 倍液喷杀蚜虫。注意尽量把蚜虫消
灭在越冬寄主和动迁的有虫株上。

九、贮藏保鲜与辣椒的商品性

130. 用于贮藏的辣椒如何采收及进行预处理?

秋季应在霜前采收,经霜的果实不耐贮,采前 3～5 天停止灌水,以保证果实质量。采摘时,捏住果柄摘下,防止果肉和胎座受伤;也可用剪刀剪下。当果实温度为 26.7℃ 或更高时,可用水预冷。使之在 3～4 小时内降至 12.8℃ 以下。而一般情况不用水预冷,因为水预冷会增加腐烂。用 0.03～0.04 毫米厚的聚乙烯薄膜制成 50～60 厘米长、30 厘米宽的塑料袋,袋口下方 1/3 处用打孔器打 2～3 个对称的小孔,随后装入青椒,封住袋口。

131. 如何进行辣椒低温贮藏?

将适时采摘的辣椒轻放入专用鲜贮塑料袋或硅窗袋中,每5～10 千克装一袋。同时应注意避免碰伤辣椒。入库前应在室温下预冷 1～2 天,将开始转红、有机械操作伤的辣椒和嫩椒挑出后放入阴凉的仓室内。堆放时不宜过高过重,以避免压坏下面的辣椒,最好应搭架分层分格堆放。同时应使仓室内的温度控制在5℃～10℃,空气相对湿度控制在 85% 左右,尤其应注意春天仓室内的温度不能超过 8℃,空气相对湿度不应大于 80%。在产品入库前,贮藏库和贮藏工具均须消毒灭菌,青椒果实也需用 0.5% 的漂白粉溶液浸泡。贮藏期间做好检查管理工作,及时剔除烂果。

132. 如何进行辣椒常温贮藏?

辣椒的常温贮藏有沟藏、窖藏、埋藏等方法。沟藏、窖藏、埋藏辣椒是我国民间常用的方法,初期注意散热,后期注意保温。

(1)沙藏法 选择比较阴凉的地方挖 1 条宽 1 米、深 1 米、长度不限的沟,并将挖出的土培垒在沟的四周,使沟的总深度在 1.3 米左右。并在沟底铺一层 3 厘米厚的干净、潮湿细沙,后摆一层辣椒撒一层细沙将辣椒盖住,共摆 5～6 层。再在上面盖约 6 厘米厚的潮湿细沙,这样使沟内保持 80％左右的空气相对湿度。最后在沟顶横放竹竿,在竹竿上放草垫。但随着沟内温度的下降,晚上可不再揭草垫,且还要逐渐加厚草垫,使沟内的温度保持在 5℃～8℃左右。每隔 15 天翻动 1 次,拣出不宜再继续贮藏的辣椒上市销售或食用。

(2)谷糠藏法 谷糠(稻谷壳)是空心的壳质物,内含的空气相对稳定,有良好的绝缘性,可保持埋藏环境温度的稳定。谷糠的体重比较轻,对辣椒的压力较小。但其缺点是吸水性强,易吸水变红色。谷糠藏法在包装、堆码、管理等过程与埋藏法相同。此法只适宜短期贮藏辣椒,且以耐藏性较好的尖椒类为主。

(3)缸藏法 该法是民间贮藏方法。缸内壁需用 0.5％～1％的漂白粉溶液洗涤消毒。选皮厚、蜡质层较厚的辣椒果实经药物消毒后,果柄朝上摆在缸内,一层辣椒一层沙,每层沙的厚度以不见辣椒为准,一直摆到接近缺口处,上面用两层牛皮纸或塑料薄膜封住,使辣椒基本上脱离了外界空气的影响,封缸后将缸放在阴凉处或棚子里。贮藏期间每隔 5～10 天揭开封口,换气 10～15 分钟,如果天气转冷,缸口应加盖草苫,缸四周也用草苫防寒。缸贮辣椒在 0℃下可贮藏 2 个月,好果率 90％以上。注意缸内温度不要太高,用较干的细沙。

(4)草木灰贮藏法 选未受霜冻、无虫、无病、无机械损伤的青辣椒,晾干表面水分。筐、篓、铁桶均可作贮藏工具。装具底面先铺一层约 7 厘米厚的干草木灰(需去粗、去杂),在灰上摆一层辣椒,辣椒之间要留有空隙,然后再覆盖一层 7 厘米厚的干草木灰。依此类推,最后上面用 7 厘米厚的草木灰封顶,置于室内阴凉处贮存,勿翻动。食用时可用一层扒一层,可贮藏至翌年立春。

(5)架藏法 用木材或竹材分10层搭成长2.5米、宽1米、高1.5米的贮藏货架。每层由3块竹片板组成,每块板可堆放15千克辣椒,每桩共450千克。而后在货架周围用经过福尔马林消毒的湿布遮盖,消毒布每天重复消毒1次,这样即可起到隔绝空气、杀菌、保温和延缓果实老化的效果。

(6)稻草灰贮藏鲜椒

①选好辣椒 选择抗病力强和耐贮性好的茄门椒、湘研10号、湘研9401等品种作贮藏。应在植株生长健壮、病虫害少的田块采摘辣椒。采摘宜在降霜前进行,不宜采露水椒和雨水椒,果实应是质地坚硬、果形完整、无机械损伤、无病虫害且皮色深绿而有光泽的成熟青椒。

②备好稻草灰和选好场所 作辣椒贮藏用的草灰须是杂质少、无较大颗粒的沙石、泥土,新鲜而经过冷却的草灰。准备贮藏辣椒的场所要求设在清洁卫生、土壤干燥、无老鼠活动的地方,不能设在水泥地或三合土地板上。

③把好贮藏关 采用箩筐、篓贮藏,应在筐、篓底下垫上7～10厘米厚的草木灰,在草木灰上整齐码一层选好的辣椒,辣椒上面再撒一层草木灰,草木灰上再码一层辣椒,如此码到贮藏高度达1米为宜,四周覆盖10～16厘米厚的草木灰保温。然后在筐篓上加盖草包或麻袋进行保护。为操作方便和加强通风效果,每150～250千克为一堆。特别要注意摆匀辣椒,草灰要渗透辣椒间隔,以防止烂辣椒感染好辣椒。温度过高时,早晚应打开门窗进行通风降温,温度过低时则紧闭门窗。湿度不够时,可在覆盖的草包麻袋和场所四周进行喷水增大湿度,但不能造成滴水;湿度过大时,可打开门窗通风降湿或在四周地面撒一些干燥草灰进行调节。要注意及时检查,一般在贮藏第一个月应坚持5～7天抽样检查一次,以后可每10天左右检查一次,发现问题及时解决。

该贮藏方法适于南方秋末辣椒贮藏保鲜,在10月下旬开始进行贮藏,到翌年元旦开始陆续上市,到春节前后抛售。最短保鲜期为60天以上,最长可达100天。贮藏后的辣椒颜色鲜艳,完好率在90%以上,失重在10%以下。

(7)窖内盖藏 挖一个半地下式的贮藏窖,窖的大小可根据贮藏的辣椒量的多少而定。把选好的辣椒装入垫有纸的竹筐中,放入窖内后用湿草席围在竹筐的四周和盖在筐顶。草席干后要及时喷水,使窖内的空气相对湿度保持在80%左右,温度保持在5℃~8℃。这与沙藏法的要求相同。

(8)埋藏法 利用辣椒喜凉怕热的特性,先在筐或箱底铺3厘米厚的泥或沙,后将选好的辣椒经过消毒处理,晾干后装入木箱或筐内,一层辣椒一层泥(沙),向上装至箱(筐)口5~7厘米处,再覆盖泥(沙)密封即可。贮藏的数量要视容器大小而定,木箱可贮10千克。筐可适当多装一点,但不要超过15千克,防止过多而被挤压坏。容器的堆装方法可采用骑马形叠堆,高度以四五层为宜。埋藏时,还可在室内地面上用空心砖或木箱围成长2~3米,宽1米,高0.6~0.9米的空间,然后按上法逐层堆码,在最高层覆盖3厘米厚的泥(沙)密封。每堆以250千克为宜。为防止湿度过大而引起果实变质,在堆内可安放通气筒,以便通风散热。

用上述几种方法,可使夏收辣椒贮藏保鲜2个多月,秋种冬收的辣椒可贮藏更长的时间,达3个多月。

133. 辣椒贮藏保鲜的特点是什么?

辣椒很少进行贮藏,只进行暂时贮运。贮运温度过高,后熟快,易转红、萎蔫、腐烂变质。贮运温度过低会发生冷害。最适宜温度为5℃~8℃,如库温高于8℃时要降温。如库温低于3℃时,应进行人工升温。辣椒在贮藏中表现为前期怕干,易老化;后期怕湿,易腐烂。辣椒贮藏中空气相对湿度一般应保持在85%~95%。

134. 辣椒采后有哪些病害？如何防治？

辣椒采后有许多病害，主要有炭疽病、早疫病、细菌性软腐病等。此外，辣椒还有菌核病、灰霉病等。

(1)辣椒炭疽病(*Colletotrichum sp*.)　是由半知菌亚门刺盘孢属真菌侵染引起。果实表面起初出现水浸状小斑点，逐渐扩大，呈褐色圆形或不规则形凹陷，同时出现同心轮纹，稍有隆起，沿此轮纹密生无数小黑点。该菌主要是分生孢子从伤口侵入。该病会引起辣椒采后严重的损失。防治方法是尽快预冷并贮于 7.2℃～10℃下，另外应尽量减少机械损伤。

(2)辣椒早疫病(*Alternaria tenuis*)　是由半知菌亚门中的链格孢属真菌侵染引起。其症状为：病斑呈圆形、灰绿色、水浸状，病斑稍凹或不凹陷，有清晰的边缘。随后，变成革质褐色，再变成泥状褐色和黑色。真菌能侵入未损伤的辣椒表皮。但只能传染受日照生理损伤和低温损伤的组织。采前和采后的低温冷害是引起该病的主要原因。主要防治方法是将辣椒置于 7.2℃～10℃下贮藏，贮藏期为 2 周以内。

(3)细菌性软腐病(*Erwinia carotovora*)　是由细菌中欧氏杆菌侵染引起。其症状为：腐坏处皮部凹下皱缩，但通常只稍微变色，无明显损伤迹象。病果内部果肉全部溶化腐烂，但革质表皮仍然存在，常有恶臭气味（甜椒无特别味道）。其病菌主要通过伤口侵入，田间带病。采后在高温和高湿下，辣椒在几天内将完全腐烂。防治方法主要是减少物理伤害。另外将辣椒放入 52.2℃～53.3℃温水中浸 1.5 分钟，可以减少本病，且不伤害果实。浸水时间太短或温度太低，将无防治效果；而温度过高或浸水时间过久则会严重伤害果实。温水处理后应尽快用空气预冷至 7.2℃～10℃。

135. 如何干制线辣椒?

线辣椒烘烤干制既便于保管和运输,也提高了线辣椒的品质,有利于线辣椒食品的加工、打辣面制辣油等,还提高了线辣椒各类营养元素的含量,尤其是维生素和辣椒素的含量大为提高。干制后的线辣椒还便于大量销售,抢市场行情。

(1)辣椒烘炉的建设和入烤技术要求 线辣椒烘炉为砖木结构,烘炉的大小取决于鲜辣椒货源的多少。一般情况下投资800~1 000元资金可建成一次烤150千克干椒的烤炉。烘烤炉由骨架、火道、烟囱、天窗、通气孔、进风口、烤筐组成。

①骨架 由竹竿或钢管纵横相接构成十字长方形框架,主要放置烤筐。

②火道 由耐火砖切成,底部有数根生铁炉条,构成进火口(主要供点火、燃煤),火道长度随烘辣椒炉烤室内径的长短决定,用土坑坯砌成内径15~20厘米、排列弯曲延伸的火道,道尾紧连烟囱。

③烟囱 用砖建成,高出屋顶1~1.2米。

④天窗 位于屋顶一侧,高出屋顶60厘米左右,盖板要紧严、拉动灵活。

⑤通风孔 位于进火口的下边,要求宽敞、操作自如。

⑥气孔 位于烘炉外墙,距地面60厘米左右。气孔数量由烘炉的大小决定,一般4~6个。

⑦烤筐 多有用篾编制而成,筐长0.75~1米,宽0.5米,主要盛放鲜椒入炉。

(2)入烤前的技术要求 首先检查烘烤炉各部位有无漏洞、裂缝,如发现漏洞或裂缝要及时处理,火道表面要光滑,严密无缝。天窗盖板周围有无漏气,烟囱排烟是否顺利,骨架是否合格,气孔是否塞严,门帘是否保温坚固,燃煤是否足够,发现问题应立即处理。

入烤前必须精选全部入炉的鲜椒，去除杂劣椒，把颜色深红、果把翠绿、角长肉厚、条纹明显、果角完整的鲜辣椒全部装入烤筐，每筐 6～7 千克，薄厚一致，装入框架要求整齐。入烤前，挂好门帘，堵塞气孔，拉闭天窗，一切就绪后再点火。

(3)入烤后升温排潮技术要求 加足火力，等温度直线上升到 50℃～55℃后，进行第一次排潮，拉开天窗，拨开通气孔，在进炉检查烤室中心温度和烤筐受热情况，特别是底层有无火角，发现后及时调换位置，翻动均匀。一切就绪，关闭天窗堵好气孔，堵好门帘，继续加温，每隔两小时左右排潮检查 1 次，每次排潮 15～20 分钟，保持中心温度在 60℃左右。如果温度过高，要及时排潮降温；温度过低，要加足火力使温度迅速上升。

(4)倒盘检查 由于烤筐放的位置不同，受热程度不同，特别第一、第二、第三层要经常检查辣椒烘烤情况，发现烘烤不均匀的问题要及时倒换位置，可以里外倒换，也可上下层交换，当第一、第二、第三层辣椒全部烤干，中上层已全部萎缩，就要放松火力，使温度稳定在 50℃左右，减少排潮次数和排潮时间，直到中上层全部烤筐的辣椒干透后停火，利用余热继续烘干个别不合格的水泡椒，约 10 小时后温度下降到 30℃左右，开始出炉，出炉后及时装进下一炉鲜椒，利用余热加足火力，可以达到经济烘烤。

(5)辣椒成品的分级 出炉后使辣椒经过自然返潮 6～8 小时后再挑拣，把杂色椒、烂椒一律清为下脚料，把果角长而大，果把黄绿、颜色纯正、肉质肥厚、条纹明显、角形完整的好辣椒装包库存或出售。

十、安全生产与辣椒的商品性

136. 辣椒安全生产包括哪几个方面？

辣椒安全生产关系到辣椒产品的质量和人们食用辣椒的安全，其中包含与辣椒生产相关的很多环节，是蔬菜产业发展的必然要求。辣椒安全生产是一项社会性的系统工程，需要将蔬菜学、环境科学、生态学、营养学、卫生学等学科的原理运用到辣椒的生产、加工、贮运、销售等环节以及相关的领域，形成一个完整的系统。

辣椒安全生产，一是要保证辣椒产地环境安全。蔬菜产地环境包括灌溉水、生产加工用水、大气以及土壤等环境要素必须达到辣椒安全生产的要求。二是要达到生产质量标准。生产质量标准要求在蔬菜生产过程中，从育苗、移栽、施肥、病虫害防治等环节要按照相应的操作规程实现安全生产，包括在肥料使用上要利用生物肥料和有机肥料，推广高效低毒农药及生物防治技术等。三是在采收、贮运、加工过程中要符合相应的安全标准。

137. 辣椒安全生产保障体系建设包括哪些内容？

辣椒安全生产保障体系包括辣椒安全生产标准化体系、检测体系、市场准入制度和市场追溯体系，四者互相补充、缺一不可。辣椒安全生产标准化体系是辣椒安全生产的内部保障，是辣椒安全生产保障体系的基础，是辣椒产中保障；辣椒安全生产检测体系、市场准入制度和市场追溯体系是辣椒安全生产的外部保障，其中市场准入制度是产前保障、检测体系是产后保障、市场追溯体系是整体保障。正是这四大保障体系交叉运行、相互补充，才能保障辣椒安全生产。

138. 为什么说安全生产是保障辣椒商品性的重要方面？

辣椒安全生产过程是在安全无污染的环境中进行的,安全的栽培环境是生产高质量辣椒的基础。环境污染给辣椒生产及其产品带来的危害表现在:①辣椒植株生长不良,产量减少,甚至死亡。②辣椒外观变形,变色,有污染物,影响辣椒的等级及销售。③辣椒内部品质变劣,营养成分变差,有异味、怪味等。④辣椒农药残留超标,或重金属含量超标,产品有毒,食用将造成安全事故。辣椒安全生产,不仅仅涉及辣椒的产品质量和商品性,更重要的是关系到广大人民的健康,因此每个生产环节要高度重视。

139. 辣椒安全生产对栽培环境有什么要求？

辣椒安全生产基地的建立要选择在交通便利的城市近郊,基地周围不存在环境污染的现象,基地要地势平坦,土质肥沃、富含有机质,排灌条件良好。必须切实防止环境污染,包括防止大气、水质、土壤污染,尤其要防止工业的"三废"(废水、废气和废渣)的污染,防止城市生活污水、废弃物、污泥、垃圾、粉尘和农药、化肥等方面的污染。同时,对酸雨的危害也需有所预防。建设的无公害蔬菜生产基地,必须通过检查验收。

140. 辣椒安全生产的施肥原则是什么？

(1)增施有机肥 无公害蔬菜生产应以施有机肥为主,有机肥与无机肥的纯养分比例不能少于1:1。增施有机肥可降低蔬菜硝酸盐的含量。这是由于有机肥通过生物降解有机质,养分释放慢,有利于蔬菜对养分的吸收;同时,有机质促进了土壤反硝化过程,减少了土壤中硝态氮浓度。有机肥的最大施用量应以满足作物营养需要为标准。有机肥料种类很多,允许使用的有沤肥、厩肥、沼气肥、饼肥等。生活垃圾应在剔除工业废弃物、堆集发酵无害化处理后方可使用。畜禽粪便经过生物发酵、脱水加工制成商品有机肥后,不仅施用方便,而且降低对环境的污染。未经腐熟处理的畜禽粪便不可直接施入菜田。腐熟处理后的人粪尿可用作基肥。有机肥主要作基肥施用。没有利用作物秸秆培肥的田块,由于耕作层浅、土壤环境不良,若基肥采用营养元素较高的饼肥、鸡粪等有机肥,施用量更不能大。营养元素高的有机肥可用作追肥。

(2)施用辅助微生物肥　无公害蔬菜生产允许使用的微生物肥包括根瘤菌肥、固氮菌肥、磷细菌肥、硅酸盐细菌肥、复合微生物肥、光合细菌肥等。微生物肥可扩大和加强作物根际有益微生物的活动,改善作物营养条件,是一种辅助性肥料,使用时应选择国家允许使用的优质产品。氨基酸微肥、腐殖酸肥料等,也是无公害蔬菜生产的辅助性肥料,应根据生产的实际需要选择使用。

(3)合理施用氮肥　无公害蔬菜生产禁止使用硝态氮肥。碳酸氢铵适应性广,不残留有害物质,任何作物都适宜施用,但施用时要尽量避免挥发损失,防止氨气毒害作物。氯化铵中的氯根能减弱土壤中硝化细菌活性,从而抑制硝化作用的进行,使土壤中可供作物吸收的硝酸根减少,降低作物硝酸盐含量。氯化铵属生理酸性肥料,酸性土壤要慎用,薯类、瓜类等忌氯品种不宜多施。尿素、硫酸铵也都是无公害蔬菜生产允许使用的氮素肥料,生产上应根据实际情况选择应用。追施氮肥后要间隔一段时间采收,使作物在收获前吸收的硝酸根被同化掉。容易累积硝酸盐的速生叶菜,追施氮肥的间隔期最好是 1 周以上。低温季节光照弱,蔬菜体内的硝酸盐还原酶活性下降,容易积累硝酸盐,追施氮肥的间隔期还应稍长。

(4)平衡施肥技术　就是根据土壤肥力状况及蔬菜对养分的需求进行施肥。一般每 667 平方米生产 100 千克蔬菜的吸钾量为

0.3～0.5千克，钾、氮、磷、钙、镁的吸收比例大致为8：6：2：4：1。当季作物肥料利用率大致为：氮素化肥30％～45％，磷素化肥5％～30％、钾素化肥15％～40％。有机肥料的养分利用率比较复杂，一般腐熟的人粪尿及鸡鸭粪的氮、磷、钾利用率为20％～40％，猪厩肥的氮、磷、钾利用率为15％～30％。无公害蔬菜生产，可采用猪粪、鸡粪等经过发酵脱水加工制成的商品有机肥，经充分腐熟的饼肥、鸡粪、饼粕、大豆的浸出液等作追肥，并可和化肥搭配或交替施用。用充分腐熟的人粪尿、畜禽水粪作追肥，要求开沟条施或打穴深施。有机肥料养分元素比较齐全，作追肥的施用量主要参考需要施入的纯氮量确定。微量元素肥料的施用应根据土壤的微量元素含量确定，土壤培肥标准高的可以不施用微量元素肥料。实际生产上应根据蔬菜的需肥规律、土壤的供肥特性和实际的肥料效应，制定确保蔬菜无公害的平衡施肥技术。

辣椒：生产1 000千克辣椒需纯氮5.2千克、五氧化二磷1.1千克、氧化钾6.5千克。每667平方米产辣椒4 000～5 000千克，需纯氮21～26千克、五氧化二磷3～4千克、氧化钾26～32千克。基肥施用方式和施用量同番茄。在蹲苗结束、第一穗果长到核桃大小时，进行第一次追肥，每667平方米施纯氮5～6千克、氧化钾6～8千克。第三层正在落花坐果时，进行第二次追肥，每667平方米施纯氮7～8千克、氧化钾5～7千克。此后半个月左右进行第三次追肥，施肥量同第二次。15天后进行第四次追肥，施肥量同第一次。

141. 辣椒安全生产对病虫害防治的原则是什么？

加强辣椒病虫害预测预报工作，贯彻"预防为主、防治结合"的方针，是发展无公害辣椒生产的有效措施。

综合运用农业技术措施，包括选育优良辣椒品种、改进辣椒栽培方式、加强椒田管理、科学用水用肥等，这是发展无公害辣椒生产的基本措施。

(1)选育优良辣椒品种　选用抗逆性强、抗病虫危害、高产优质的辣椒品种,是防治辣椒病虫危害,保证优质高产的有效途径。

(2)改进辣椒栽培技术与辣椒生产的管理方式　科学采用辣椒栽培新技术,不断改进椒田管理方式,是辣椒生产中防病抗病的重要手段,是减少施用农药和化肥的基本措施,是发展无公害辣椒生产的有效途径。主要包括以下几个方面。

①及时清理田园　辣椒收获后和种植前都要及时清理菜园,要将植株残体、烂叶、杂草以及各种废弃物清理干净。在其生长期间,也要及时清理菜园,将病株、病叶和病果及时清出菜园,予以销毁或深埋,可更好地减轻病虫害的传播和蔓延。

②实行轮作倒茬　在辣椒生产中,一定要注意轮作倒茬。不论是保护地或露地生产,轮作倒茬都是降低病虫害发生,充分利用土地资源,夺取高产的主要途径。在轮作倒茬中,同一种蔬菜在同一地块上连续生产不应超过两茬。换茬时,不要再种同科的蔬菜,最好是与葱、蒜等百合科作物轮作。

③改良和肥化土壤　据调查,我国水土流失面积已占国土总面积的 1/6,因涝渍、盐碱、干旱、风沙等原因导致肥力下降的中低产田占全国耕地面积的 2/3,每年受废水和烟尘污染的土地面积高达 670 万公顷,改良土壤已成为发展农业生产的当务之急。要改良土壤,除采用封沙造林和掺沙改土的方法外,还应在用肥方面多下工夫。为防止土壤板结和盐碱化,提倡菜田使用充分腐熟的农家肥,最好每 667 平方米施用 1 万千克以上,以保障蔬菜生长全过程的需要。在施肥中,基肥与追肥要配合施用,适当增施磷肥、钾肥,控制氮肥的用量。同时,要积极推广配方施肥,有针对性地施用辣椒专用肥。

④采用辣椒栽培新技术　辣椒的垄作和高畦栽培,不仅可有效调节土壤的温度、湿度,而且有利于改善光照、通风和排水条件。

在播种和定植辣椒时,应采用地膜覆盖。保护地菜田要采用膜下暗灌、滴灌、渗灌,露地菜田要喷灌,严禁大水漫灌。这样,不仅可以节约用水,而且还可降低菜田的湿度,减少病害的发生。对于辣椒棚室内温、湿度的调节,要实行通顶风或腰风的措施,不要通地风,保持覆膜的清洁,以利于透光。施药时,用粉尘和烟剂代替喷雾来降低湿度。对于越夏生产的辣椒,应使用遮阳网、遮阳棚,以减少光照强度,降低温度。对于果菜类和瓜果类蔬菜,通过整理枝杈、摘心疏叶等措施,打开通风透光的通路,促进植株生长,降低病虫危害。

⑤实行合理的栽培密度　提倡辣椒的立体种植,可达到充分通风透光,合理利用水肥。首先,必须有合理的栽培密度,这样既有利于个体发育,又有利于群体生长。其次,采用大垄双行、内紧外松的种植形式,这种形式既有利于通风透光,又便于田间作业。对于间作套种的立体种植作物,必须做到合理搭配,达到互补互利的目的。比如,4行甜椒套种2行玉米,既可满足玉米对甜椒的遮光保湿作用,又可满足甜椒对玉米增大通风透光的要求,能使甜椒和玉米互补互利,共获丰收。

⑥推广无土栽培新技术　依靠科学配方,在组配的营养液中生产辣椒。基质可选用沙、蛭石、草灰、珍珠岩等材料,经过消毒后使用,可对植株起到固定作用。无土栽培辣椒,不仅无毒无污染,优质高产,而且开辟了工厂化生产辣椒的途径。

(3)利用生物的天敌防治病虫害　利用生物的天敌防治辣椒病虫害,做到以虫治虫、以菌治菌、以菌治虫,既可达到防治辣椒病虫害的目的,又可不用或少用化学农药,减少污染,降低毒性,是发展无公害辣椒生产的先进措施。

①坚持以菌治虫和以虫治虫　利用杀螟杆菌、青虫菌、白僵菌、绿僵菌、苏云金杆菌、灭蚜菌和赤眼蜂、七星瓢虫等,可有效预防辣椒的有关虫害。例如,利用青虫菌可消灭菜青虫;七星瓢虫可

防治蚜虫。

②使用以菌治菌的生物农药　增产菌对辣椒有防病增产的作用,菇类蛋白多糖可防治辣椒病毒病,武夷霉素可防治辣椒灰霉病与白粉病,木霉素可防治辣椒菌核病和灰霉病,硫酸链霉素和农用链霉素可防治辣椒细菌病害,新植霉素、青霉素钾盐、氯霉素、农用抗菌素 BO-10、抗菌霉 120 等,可防治辣椒枯萎病和炭疽病等病害;利用酵素菌堆肥,在堆肥拌料的同时加入适量酵素菌,既可迅速提高堆肥肥力,又可改善土壤结构,还可防止和治理污染。

③利用植物生长调节剂　植物生长调节剂可调节辣椒植株的发育,促使其生长健壮,增强抗病力。例如,在一定限量内使用乙烯利、九二 O、比久、矮壮素、多效唑等生长调节剂,不仅可使辣椒植株生长加快,而且能达到抗病、增产、早熟的效果。

(4)科学实行物理防治措施　运用物理防治措施,不仅可有效防治辣椒病虫害,而且能使其不受污染。

①温汤浸种和变温处理蔬菜种子及幼苗　温汤浸种和变温处理种子及幼苗,可以杀灭或减少种传病虫害,促使辣椒植株生长健壮。

干热处理消毒:对于含水量低于 10% 的种子,在 70℃ 下处理72 小时,可以防治辣椒种传的霜霉、枯萎、菌核、疫病、灰霉病、黑星病、炭疽病等多种病害。

温汤浸种消毒:使用温汤浸种消毒法,需结合种子催芽前的处理一并进行,分热水浸种法和热水烫种法两种。热水浸种法的操作程序是:将种子放到 50℃ 左右的水中,持续搅拌 15 分钟即可,采用这种方法可杀死甘蓝类、果菜类和瓜类种子表面附着的病菌。

热水烫种法的操作程序是:先将种子用 20℃～30℃ 的温水浸泡,然后用 5 倍于种子量的 70℃ 热水烫种,持续搅拌至水温降至30℃ 以下,再继续浸种 15 分钟即可。

②利用太阳能高温消毒和冬季低温杀死病菌虫卵　夏天地表

覆膜,利用阳光高温消毒,在 60℃以上气温下处理 5～7 天,可杀死土表的病菌和虫卵;秋末冬初耕翻土地,利用冬季寒冷气候,可消灭土壤中的病菌和虫卵。

③利用害虫的趋避性进行驱赶或诱杀 利用蚜虫有避灰色的特性,在田间挂银灰膜可驱赶蚜虫;白粉虱和蚜虫有趋黄性,可设黄色机油板进行诱杀。同时,也可利用昆虫的性激素或聚集激素进行诱杀。另外,在保护地的通风口和门窗处罩上纱网,可防止白粉虱或蚜虫等昆虫飞入。

142. 辣椒安全生产禁用哪些剧毒高残留农药?

辣椒安全生产禁用的农药品种:杀虫脒、氰化物、磷化铅、六六六、滴滴涕、氯丹、甲胺磷、甲拌磷(3911)、对硫磷(1605)、甲基对硫磷(甲基 1605)、内吸磷(1059)、治螟磷(苏化 203)、杀螟磷、磷胺、异丙磷、三硫磷、氧化乐果、磷化锌、克百威、水胺硫磷、久效磷、三氯杀螨醇、涕灭威、灭多威、氟乙酰胺、有机汞制剂、砷制剂、西力生、赛力散、溃疡净、五氯酚钠等。

143. 无公害辣椒产品质量的要求是什么?

无公害辣椒是指没受有害物质污染的辣椒,有的称其为绿色辣椒或洁净辣椒,实际上是指商品辣椒中不含有某些规定不准含有的有毒物质或将其控制在允许的范围以内。主要包括:(1)农药残留不超标;(2)硝酸盐含量不超标;(3)"三废"等有害物质不超标;(4)病原微生物等有害微生物不超标;(5)避免环境污染的危害。达到上述标准的,即可称其为无公害辣椒。

144. 绿色食品辣椒的产品质量要求是什么?

绿色食品辣椒是遵循可持续发展原则,按照特定生产方式生产,经专门机构认定,许可使用绿色食品商标标志的无污染的安全、优质、营养类食品。"按照特定的生产方式",是指在生产、加工过程中按照绿色食品的标准,禁用或限制使用化学合成的农药、肥料、添加剂等生产资料及其他有害于人体健康和生态环境的物质,并实施从土地到餐桌的全程质量控制。包括 AA 级绿色食品和 A 级绿色食品。

145. 有机食品辣椒产品质量的要求是什么?

有机食品辣椒是按照有机农业生产标准,在生产中不使用人工合成的肥料、农药、生长调节剂和畜禽饲料添加剂等物质,不采用基因工程获得的辣椒及其产物,遵循自然规律和生态学原理,采取一系列可持续发展的农业技术,协调种植业和养殖业的关系,促进生态平衡、物种的多样性和资源的可持续利用。

十一、标准化生产与辣椒的商品性

146. 什么叫农业标准?

在一定的范围内获得最佳秩序,对农业活动或其结果规定共同的和重复使用的规则、指导原则或特性的文件,称为农业标准。

农业标准按照生产过程分类可分为种质、种子(种畜禽)繁育、种养技术规程、采后处理贮藏、产品质量等标准;按照类别分类可分为产品质量、种质、安全卫生、种养技术规程、农业环境保护等标准。

147. 什么是农业标准化?

过去我们讲农业标准化概念是运用"统一、简化、协调、优选"的标准化原则,对农业生产的产前、产中和产后全过程,通过制定标准和实施标准,促进先进的农业成果和经验的迅速推广,确保农产品质量,促进农产品的流通规范,规范农产品市场秩序,指导生产,引导消费,从而取得良好的经济、社会和生态效益,以达到提高农业竞争力为目的的一系列活动过程。这里着重强调是建立完善标准体系和推广标准,这是一种狭义的概念。其实,农业标准化着重在管理,其概念应修改为"农业标准化是现代农业科学技术和管理技术的结合,是对农业生产的产前、产中和产后全过程,以建立完善标准体系为技术基础,应用现代管理和质量控制技术,建立完善管理制度和管理标准,将标准要求落实到农产品产销的每个环节,在确保农产品质量和产业可持续发展的前提下,获得最大的综合效益。"也就是要按照统一的标准要求和管理要求从事农业生产和经营,主要包含4个层次的内容:①建立完善标准体系,是实施农业标准化的技术基地;②建立完善工作制度和管理制度,确保标准要求实施到位;③确保农产品质量和产业可持续发展;④获得最大综合效益。这是指通过加强管理,使资源实现最佳整合而产生的效益。我们知道,一般的技术通过组装、加强管理能获得较好的效益,但好的技术,如果管理水平较低,它所取得的效益可能不如一般技术水平的效益。

148. 什么是辣椒标准化生产?

辣椒标准化生产是指在辣椒生产中的产地环境、生产过程和产品质量符合国家与行业的相关标准,产品经质量监督检验机构监测合格,通过有关国家认证的过程。

149. 发展辣椒标准化生产的意义是什么?

(1)辣椒标准化生产是国内消费和流通的需要 随着无公害认识程度的深化,常规蔬菜的市场份额会越来越小,按照标准化生产的辣椒将占据市场的主流。按照国际质量标准和要求规范蔬菜生产、加工产业,在原料-加工-流通等各个环节中建立全程控制体系所生产的辣椒产品无疑将具有更大的优势。

(2)辣椒标准化生产是参与国际市场竞争的需要 随着辣椒出口的增加,产品标准将是限制蔬菜产品出口的主要因素。我国绿色辣椒的种植面积仅占全国辣椒面积的 1.6%,年绿色辣椒产量仅占全年产量的 1%,这限制了蔬菜产品在国际上的竞争,难以适应国际市场的需要,因此按照标准化要求生产标准辣椒是打开世界辣椒市场的必由之路。

(3)辣椒标准化生产是创立辣椒品牌,提高辣椒种植效益,实现辣椒可持续发展的需要 辣椒标准化生产将如生产工业产品一样,提高辣椒的商品性,在外观上和品质上更加符合商品的特点,更加具有严格的质量和安全卫生标准,形成特定区域的特定辣椒品牌产品,最大限度提高辣椒的生产效益,增加农民的收入。标准化生产将从品种布局、生产环境、栽培管理技术、病虫害防治、采后处理等方面做到优质、高产、高效生产,做到资源的合理利用,生态良性循环的可持续辣椒产业化发展。

150. 为什么标准化生产可以有效地提高辣椒的商品性?

积极推进农业标准化生产,提高农产品质量安全水平,这是农业结构调整的重要内容,也是提高农产品竞争力的关键所在。在欧美和日本等发达国家,农业是以高度的标准化为基础生产的,农产品从新品种选育的区域试验和特性试验,到播种、收获、加工整理、包装上市,都有一套严格的标准。农民种植农作物,用什么品种、何时下种、何时施肥、施多少肥、何时采摘,都有严格的规定。

我国农产品频频遭遇西方国家的"绿色壁垒"而被拒之门外,虽然问题反映在农产品品质指标不符合标准的要求上,但根源却在这种农产品生产的各道环节,有一道环节不按标准操作,就会影响到产品的最终品质。事实证明,市场的竞争实质上是产品质量的竞争,而产品质量是由产品的标准决定的。所以,农产品的竞争,从某种意义上说,就是农业标准的竞争。要切实加强对农业标准化工作的领导,进一步推进农业质量标准体系建设,把农业产业化作为实施农业标准化的载体;大力开发无公害食品、绿色食品、有机食品,全面提升农产品质量与食用安全水平,大力实施农产品名牌发展战略,提高农产品市场竞争力;搞好农业标准化示范园区建设,强化示范带动作用,推动农业增效、农民增收,带动整个农业发展水平的提高。

推动实施农业名牌战略,是充分发挥各地的资源优势,培育区域主导产业和提高农产品质量安全水平,增加农民收入的有效途径,而标准化生产是实施名牌战略强有力的推进器。标准化基地和示范区要生产出一种品牌或提供适应市场某种要求的名牌产品,而不仅仅是量的增加。用标准来规范生产过程,让农民从身边的事例中得到启发,了解什么是农业标准化,怎样运用标准创造和消费者要求相适应的新价值,从而加深对农业标准化的认识,提高运用标准的能力。

151. 辣椒标准化生产体系包括哪几个方面?

(1)产品产地环境条件 包括农用灌溉水质量指标、生产加工用水质量指标、大气质量指标以及土壤质量指标等各个方面。要求选择生态条件好、大气清新、无公害、无污染、灌排方便、用水洁净、土壤肥沃、不含残毒和有毒物质,并且经过国家环保部门监测各项指标均达到国家规定的无公害农产品基地标准。

(2)生产技术规范标准化 包括选择什么样的品种、用什么样的农药和化肥,什么时候用、用量多少、对病虫害怎样进行防治等都有标准。农业科研和农技推广部门重点做好无公害生产相关技术的研究制定与推广,推广高效低毒农药和生物防治技术,发展辣椒的无土栽培技术,加强生物肥料和有机肥料的开发、利用,合理使用农药和化肥,提高利用率,为辣椒质量提供安全的技术保证。

(3)产品质量检测标准化 包括产地监测和市场监测两个方面。加强辣椒监测体系,强化检测手段,加强质量检验机构的建设,设置专门的辣椒质量检验机构。对产地、农贸市场和城市中辣椒批发市场进行定点检测,定期公布检测结果,严格禁止超标辣椒上市交易和进入到百姓的餐桌。同时建立、完善无公害辣椒生产交易过程中的法律、法规,将无公害辣椒生产纳入到法制化的轨道。

(4)采收、贮运、加工的标准化 根据所生产辣椒的用途沿用不同的标准,对于出口用的辣椒既要考虑到国际标准又要考虑到出口国的消费习惯。严格无公害辣椒的包装,树立无公害产品的信誉。